ケアするラジオ

寄り添う
メディア・コミュニケーション

金山智子 編

さいはて社

目次

第Ⅱ部 ケアするラジオ 79

第3章 「知ること」から寄り添う島ラジオ 金山智子 80

はじめに

1　ラジオのケア的役割と社会的評価

二〇二〇年春、世界的に拡大した新型コロナウィルス感染症（以下「コロナ」）のパンデミックは、ラジオのケア的な役割に改めて注目を集めることとなった。新たな災害とも受け止められた状況の中、誰もが先の見えない不安やストレスを抱えて日々を送らざるを得なかったことは記憶に新しい。ステイホームの状況下で、人々は否応なくメディアに依存するようになり、不安や孤立、ストレスの解消の機能を果たしてくれるメディアはとても大事だった。

コロナ禍において各国でラジオ聴取調査が行われたが、ステイホームにより在宅時間が増え、ラジオ接触の増加が傾向として報告された*1。当然の結果ではあるが、ここで注目すべきは多様なメディアの中で人々がラジオを選択した理由

1　Media Tracks Communications, 2020. “How COVID-19 Will Change the Radio Industry” https://mediatracks.com/resources/how-covid-19-will-change-the-radio-industry/ (Access 2020/12/20); Rodero, E., 2020. “Radio: the medium that best copes in crises. Listening habits, consumption, and perception of radio listeners during the lockdown by the Covid-19” El profesional de la información, 29(3): 1-14; ビデオリサーチ，2020.

である。ネットやテレビへの低い信頼性と比べて、ラジオの信頼度は依然として高かった。また、平素は地元に無関心な人たちでさえ、ステイホームで移動できなくなると、ラジオを通して地元コミュニティの情報を取得した。コミュニティの情報は地域とのつながり感を与え、ストレスや不安の軽減につながったのである。放送を批評する専門誌『ＧＡＬＡＣ』二〇二一年九月号*2で「ラジオのポテンシャル」と題した特集が組まれた。その中で雑誌編集者の永須智之は次のように語っていた。

> コロナ禍で、人との接触は明らかに減っている。リモート出社、オンライン授業が当たり前となり、介護や医療の現場は疲弊している。テレビを見ても、その状況を伝えることが中心で、自分のほうを向いているようには思えない。しかもテレビは制約が多いからか、極端な意見が聞かれることは少ない。ＳＮＳで簡単に人と繋がれる時代ではあるが、こちらはむしろ感情がむき出しになりがちで、注意して受け取らなければ、自分がますます疲弊してしまうことになりかねない。
>
> 本人の（文字通り）声がはっきり伝わり、メディアとしての適度なモラルが保障され、何より自分の心に接触して、語りかけてくれている気がする……

こうした欲求に合致するメディア、それがラジオなのだ。そして、これまで

“新たな生活環境下でラジオリスナーが増加傾向” https://www.videor.co.jp/press/2020/200625.html (Access 2020/12/20)

2 放送批評懇談会『ＧＡＬＡＣ』二〇二一年九月号、ＫＡＤＯＫＡＷＡ

ラジオに触れなかった人たちが、そのことに気づき始めたということだ＊3。

コロナ禍の社会では、国や地域にかかわらず、ラジオが孤独や寂しさを軽減し、ストレスや不安を紛らわせるメディアであると感じる人が多くなった。ラジオによるコミュニケーションが人々を気遣い、時には配慮するという「ケア的な役割」を担っていることが改めて認識されたのである。ネットによるポッドキャストやストリーミングといった音声メディアを聞く人たちにもラジオと同様の現象がみられた。注目すべきは、ポッドキャストのリスナーが、音楽ではなく、人の話を聞く時間を増やしていたことである。その理由として、他のメディアのネガティブなコンテンツからの脱却があげられており、三分の二が孤独感の軽減のためと答えていた＊4。現代のストレスはコロナだけでなく、社会を分断するようなネット上でのフェイクニュースや極端な発言、あるいは感染症に関する辛いニュースなど、外的なメディア情報に起因しているものがある。人の話や語りに癒しを求めるのは、仲間や話し相手からのケアを感じたいからであり、情報を媒介するメディアとしてのポッドキャストもケア的な機能を果たしていることが推察される。

3 永須智之「新しい〝信頼〟を武器にしたラジオのパワー」前掲一四頁。

4 Inside Radio, 2020. “Intimacy Gives Way to Companionship as Podcasts Connect with Pandemic-Weary Listeners” http://www.insideradio.com/free/intimacy-gives-way-to-companionship-as-podcasts-connect-with-pandemic-weary-listeners/article_297b74c2-1365-11eb-a0b2-db0a1a5f72f2.html (Access 2020/12/20)

2　歴史からみるラジオの親密性

ラジオ放送は一九二〇年に米国で始まり、英国、ドイツ、ソビエト、フランスなど一五か国がそれに続き、日本では一九二五年に開始された*5。太平洋戦争下では強力なプロパガンダのツールとなったが、一方でニュースや娯楽など生活を支える大衆メディアとして急速に発達・普及していった*6。ラジオ研究も、さまざまな理論や方法論に依拠しながら、ラジオという当時のイノベーション・メディアの普及開始から百年経った現在に至っている*7。他方、時代や状況が変化していく中、インターネットの急速な普及により、ラジオ聴取者は減少し、併せて広告収入が激減した。現代のラジオはもはや衰退を辿《たど》るメディアと言われて久しい。しかし、現在でもラジオは消滅せず、むしろradiko（ラジコ）などネット配信による新たな形態を成立させ、加えてSNSと連動しながらオンラインラジオとして発展し、多様な形態をもって他のメディアとの違いを際立たせている感すらある。それは、報道や娯楽といったメディアが本来果たしてきた役割以上に、ラジオがリスナーにとって「親密なメディア」あるいは「寄り添うメディア」であり続けているからに他ならない。

ラジオの特性にかかわる知見は、時代が変わっても、多くの研究によって報告

5 竹山 2002

6 Sterling and Kittross 2002

7 例えば、Lazarsfeld 1941; 水越 1993

され続けている。例えば、八〇年前の古典的なラジオ研究の一つであるヘルタ・ヘルツォークによるラジオドラマ・リスナーの動機と満足に関する調査がある[*8]。主婦にとって昼の連続ラジオドラマは、日常的な感情を解放してくれたり、希望的観測を持たせてくれたりなど、ドラマから何かしら現実の生活に役立つような助言を得る機会であることが浮き彫りにされた。トークバック番組がラジオの人気フォーマットになると、番組リスナーとのトークがリスナーにとってセラピーや交友を深める機会となり、リスナーの幸福に寄与していることが示された[*9]。日常的なラジオ聴取とは別に、自然災害など非常時でのラジオのケア的な役割も重視されてきた。ラジオは物心両面の喪失で傷ついた被災者の心を癒す存在であり、避難生活を送る住民たちや復興を目指す人たちに寄り添うメディアであることが、国や地域にかかわらず報告されてきた[*10]。自然災害などの有事が発生する可能性が高まっている社会において、ラジオのこの役割は今も変わらず重要なのである。ストリーミングやポッドキャストといった新しい音声メディアについての新しい研究も続々と行われている。近年の調査では、客観的で実体のない記者のジャーナリズム規範とは対照的に、ポッドキャスト・ジャーナリズムでは、ジャーナリストとリスナーの間に親密な関係を築くために、感情や一人称の報道を中心に作られた物語的要素を用いていることが報告されている[*11]。

8 Herzog 1944

9 Ewart 2011

10 Moody 2009; 粟屋ほか 2014; 災害とコミュニティラジオ研究会編 2014; 大内 2018; 大牟田ほか 2021

11 Lindgren 2021

3　メディアによるケア・コミュニケーションの位置づけ

時代や形態にかかわらず、ラジオという音声メディアは、さまざまな形で多様なリスナーたちをケアする役割を果たしてきた。一方、ラジオのケア的役割については、マス・コミュニケーション研究の枠組みでは、娯楽の一部として考えられるか、または、能動的な受け手による満足として限定的に捉えられている。そうでなければ災害時などにおけるリスクコミュニケーションとして扱われることが多く、メディア・コミュニケーション論において明確に体系づけられることはほとんどなかった。小玉美意子は、「私たちはこれらのメディアを、心を癒してくれるケア・コミュニケーションとして利用している。ケアのコミュニケーションもまた、私たちを取り巻く機能の一つとして現代生活に必要なものである*12。」とし、コミュニケーションの基本機能にケア・コミュニケーションが加わる意義を強調している。現在も科学的で、メディアの機能的な側面からの研究手法が中心となるメディア研究の文脈において、感情や感性を重視した主観的あるいは間主観的なコミュニケーションを学術的な視点から体系づけることは容易ではない。これまでの先行研究の多くは事例にもとづく調査やインタビューなどの質的調査が中心となっており、量的調査などによる一般化・理論化はなされておらず、示

12　小玉 2012: 71

唆的発見または知見の提示という報告レベルで止まっている。ケアという主観的かつ間主観的なコミュニケーションを体系づけていくためには、複数のデータ、多様な調査者や調査手法を用いるといったトライアンギュレーションのアプローチがこれまで以上に求められる[*13]。

メディアによるコミュニケーションが個々人の文脈と感情によってケア・コミュニケーションとして位置づけられるには、可変的なケア・コミュニケーションの考えを軸にメディアの役割や機能を再考していくことが必要である。それは現代のリスク社会において一層重要なアプローチとなる。これまで、メディアは民主的な社会や公共の福祉のために機能する存在との考えをメディア研究の基本としながらも、「個人の欲求や愛情に応えるために機能する存在とは考えてこなかった[*14]」。ケアの実践がメディア・コミュニケーションの役割としてリンクして認識されていないという背景がここにある。

ラジオの多様な番組が、多様な文脈において、人々を癒し、励まし、あるいは、支えるなど、寄り添うメディアであることがさまざまな研究によって明らかにされてきた。それだけでなく、近年では、ラジオのケア的なコミュニケーションを意識的に活用した取り組みが多様な現場で実践されている。こういったメディア実践の意義は、メディアの発達史の観点から、メジャーかオルタナティブかという二項対立的な側面から捉えられてきた。結果としてラジオによるケア的なコミュ

13 Denzin 1978

14 小玉 2012: 69

ニケーションの実践は、オルタナティブな実践という平板な見方から評価されるに留まらざるを得ない状況にある。

その中、小玉はこれまでメディアの分類や形態に重点を置くコミュニケーションとは異なり、情をその中心に据えて「癒し・つながり・愛着のコミュニケーション」という新たな側面を加えることの必要性を説いた[*15]。それはこれまでのメディア・コミュニケーション論とは異なるケアの倫理に重点を置くことを意味している。本書では、ラジオというメディアを通したケア・コミュニケーションが一体どのようなものなのか、いかにしてリスナーにとってケアとなるのかという根源的な問いを起点とする。その際、ケアの概念を基底に置いた上で、多様なラジオ実践によるケア・コミュニケーションを考察していく。そして、メディア研究の中に「癒し・つながり・愛着のコミュニケーション」という感情・感性・主観の研究視座を体系づけ、メディアとケア・コミュニケーション研究に関する新たな研究基盤と実践分析の地平を切り開いていくことを試みる。

15 小玉 2012: 70

4　本書の構成

本書の構成は次のとおりである。ラジオは普及してまもなく、人々に親密なメディアと認識されてきたが、第I部では、親密なメディアとしてのラジオについて歴史から見直し、ケアの倫理という新たな視座によるラジオの理解の必要性について解説する。第1章では、音声メディアであるラジオがいかにして親密なメディアとなったのかを歴史的に紐解いていく。第2章では、本書が軸とするラジオのケア・コミュニケーションとは何か、その基底となるケアの倫理とともに説明していく。第II部では、多様な現場での多様なラジオ実践について報告していく。まず第3章では、奄美大島の小さな村のコミュニティラジオから、地元のお年寄りや子どもをケアする番組を紹介し、ラジオを通した地域のケアについてみていく。第4章では、刑務所という社会的に隔絶された場所で実践されている受刑者たちを対象とした刑務所ラジオについて、ケアの視点から考察する。そして、刑期を終え更生しようとしている人たちを支援するラジオ番組についてもみていく。第5章では、病院という限定された空間の中で、医師・看護師と患者、いわゆるケアする／されるといった人たちがラジオ実践を通して、その関係性をどのように変化させていくのかを考察する。第6章では、阪神・淡路大震災をきっかけとして開局された多言語のコミュニティラジオ―FMわぃわぃが、いかに多様な文化的背景をもつ住民たち同士のケアとなってきたのか、二五年以上にわたるラジオを中心とした取り組みを介しながら目指す文化共生社会について考察していく。第7章では、福島第一原子力発電所事故で全町避難の対象となった地域である福島県富岡町と広野町を舞台に、ラジオ番組制作を通して、被災地の子どもたちが自ら震災について学び、情報発信していく復興ラジオプロジェクトについて報告する。第Ⅲ部では、メディア研究におけるケア・コミュニケーションについて総括する。第8章では、これまでの実践報告にもとづきながら、ラジオのケア・コミュニケーションがいかにメディア・コミュニケーション論に位置づけられるのかを、今後の検討課題を含めて論じていく。最後に、ラジオのケア・コミュニケーションを通して、メディア研究に「癒し・つながり・愛着のコミュニケーション」を体系づけることの意義について再考していく。

メディアによって社会的不信や分断が起こされていく時代であるが、同時にメディアを通して人々は癒され、互いに頼り合う時代であることも紛れもない事実である。メディアに依存していく社会であるからこそ、メディアを通したケア・コミュニケーションが私たちにとって大切であることを本書から改めて感じていただけることを願う。

金山智子

第Ⅰ部
ラジオによるケア

第1章　なぜラジオは親密なメディアか

福永 健一

1　ラジオとケアをつなぐ「親密さ」

人は、ケアを必要とするときがある。喪失や孤独、苦難や困難、不安や憂い、衰えや患いに直面したとき、誰かの世話や関心や配慮によって、助かり元気づけられ勇気づけられることがある。むろん、それは専門家によって個別に為されるほうが望ましい。しかし、誰もがいつでもケアを受けられるわけではない。

そこで、放送メディア、とりわけラジオがケアの役割を担うことがある。当然、ラジオによるケアとは、介護のような「身体的なケア」ではなく、声や音楽によって呼びかけ励まし慰め癒すといった「心理的なケア」である。それはたとえば、激甚な自然災害の発生時に、被災状況や避難誘導といった情報伝達だけでなく、音楽や語りかけによって被災者の心を鎮静ないし励まそうとするもの[*1]、介護を必要とする高齢者が日常的なラジオ聴取を通して、健康的な生活を送るた

1 小川 2014

めに必要な情報を摂取するだけでなく、孤独感や孤立感を低減し社会的なつながりを促進し、不安やストレスの解消といった心理的な健康状態の向上に役立てるもの*2、あるいは本書で紹介される諸々のケア実践が挙げられる。

本章では、なぜラジオによる心理的なケアが実践、有用視されるのかを、ラジオの音声的・聴覚的なコミュニケーション・メディアの特性から考えてみたい。とくに、ラジオがもつとされる「親密さ」に注目する。「親密さ」とは何か。辞書には「親密」の定義として「相互の交際の深いこと。したしくつき合っていること*3」とあるが、定義文自体からも多様な意味が汲み取れるように、多義的な言葉である。英語の「親密さ（intimacy）」も多義的で、先に挙げた意味の他に性的関係を示唆する用例もある。その類語には「関係の強さ（familiarity, friendship）」「感情的な温かさ（warmth）」「打ち解けた（casual）」「好意（liking）」「恋愛（romance、emotion）」「関わりの強さ（involvement）」などがあり、対語には「疎遠」「冷酷」「形式的」「嫌悪」「離縁」「拒絶」などがある。日本語の「親密」も、その意味内容と概ね一致するだろう。このように、語の定義は論じる文脈によって変化するため、ここでは「親密さ」の意味を、友情、愛情、好意、誠意といった感情や態度、あるいはそれらに基づいて形成された人や集団との近しい関係の状態を広く指すものとして用いることにしたい。

ところで、「不特定多数に向けられているにもかかわらず、一人一人に語りかけ

2 Krause 2020

3 『広辞苑 第七版』（岩波書店）p.1527

ているように感じる」「ラジオパーソナリティの人柄や素が感じ取れる、人《ニン》（注：放送業界のジャーゴンで、個性や人柄の意味）が出る*4」といった言及をふまえて、ラジオは「親密なメディア」であると盛んに指摘されてきた。こうした指摘は、日本のみならず英語圏にも多くあり、放送業界やリスナー、そしてメディア研究者にいたるまで、他のメディアにはないラジオの特性に「親密さ」を挙げている。

ラジオは親密な感情や態度を伝達でき、その結果として送り手と受け手との間に親密な関係を作り出すことができると考えられている。しかし、ラジオはスピーカーやイヤホンからの聴覚情報だけで、相手の顔すら見えず遠く離れたところから見知らぬ人が語りかけてくる、一方向のテレ・コミュニケーションのメディアである。そうすると、ラジオは「親密さ」とは対極にあるともいえるはずだ。では、「ラジオの親密さ」とは何なのか。

本章の主な目的は、ラジオの「親密さ」とは何かを明らかにし、「離れた場所から寄り添う」という一見矛盾した行いにみえるラジオが心理的なケアに有用であることを示すことである。また、ラジオそのものの物質的特性もケアのメディアとして有用であることも触れる。筆者はメディアの歴史社会学を専門とするため、主にメディア論やメディア史の視点から説明する。まずは、ラジオの歴史を紐解きつつ、ラジオには二つの「親密さ」が存在することを指摘する。ラジオは本質的に親密なメディアというより、歴史の中で親密なメディアとして発展して

4　宮嵜 2023

きたことを示す。以上の検討を通して、ラジオを介したケアの利点、あるいは限界についても考えてみたい。

2　ラジオの親密さとは何か

2‐1　「親密なラジオ」の誕生

口調による親密さ——一九二〇年代米国のラジオ放送

まずは、ラジオはいつから「親密なメディア」なのか、その歴史を辿ってみよう。起源は、一九二〇〜一九三〇年代米国のラジオ放送にまでさかのぼる。米国のラジオ放送産業は、一九二〇年に定時放送が始まってから、一九二〇年代後半に二つの全国ネットワーク局（NBCとCBS）を中心に半官半民の商業放送として急成長し、一九三〇年代には新聞、雑誌、映画とならぶ主要なマスメディアとなった。

当時のラジオ放送は、現在とは大きく異なるものだった。たとえば、当時のラジオ広告は現在のように番組の合間にCM（コマーシャル）が流れるのではなく、番組そのものが広告だった。一九三〇年代前半までは、番組名やテーマソングや出演者の台詞などにスポンサー名や商品名を含ませて宣伝する「間接広告（indirect advertising）」がラジオ広告の主流であった。番組の形式も、現在のような少人数で小さなブースから放送する形式とは異なり、大きなスタジオに観客を入れ、司会者やアナウンサーを中心に多数の出演者や音楽伴奏者がトークや寸劇や音楽などの雑多な出し物を展開する「ヴァラエティ・ショー」の形式が主流で、最も人気を博していた。

ネットワーク局の人気番組は全国規模で聴かれ、その内容や評判は番組スポンサーの企業イメージや売上に直結した。そのため、一九二〇年代から一九三〇年代にかけて主要なラジオ番組では、フォーマルさとともにフレンドリーシップやカジュアルさが併存する独自の雰囲気が醸成されていくことになる。とりわけ重要視されたのが、出演者らによる親密さを喚起させる「口調」であった[*5]。

なぜリスナーに対して放送局・スポンサーの良好なイメージを構築する方法が「親密な口調」だったのか。その背景のひとつに、ラジオ放送の登場にともなうパブリック・スピーキングの変容がある。地声あるいは対面で多数の人々に語りかけるには、朗々とした演説的ないし雄弁的な口調と身振りが最良の伝達方法である。しかし、ラジオ放送では、会話的な口調でも伝達できる一方で話し手の姿は一切見えず、その声は生放送で一斉にリスナーに聴かれる。ラジオ放送開始まもない一九二〇年代半ばから、原稿をただ読み上げるようなラジオ出演者の演説的・雄弁的な口調は、放送関係者やリスナーたちから「冷たい（cold）」「一本調子（monotonous）」と評されるようになった。つまり、従来のパブリック・スピーキン

5　グッドマン 2018

グ的口調は、ラジオではよそよそしいものと嫌われたのである。

一九二〇年代後半になると、マイクの前に立つ者は、家庭空間（domesticity）にいる見えないリスナーに対して、訪問し居間にあがってリスナーの目の前で直接（directly、one by one）話しかけるように、友好的（friendly）で、好意があり信頼でき（good-will）、話者の人柄（personality）が伝わるような口調であることが一種の規範となった。こうした口調は、リスナーやスポンサーに対して、放送局ひいてはラジオ放送業界のイメージを向上させる狙いのもと形成されたものだった。そして、ここに挙がった「直接」や「家庭」や「友好」といった言葉は、換称して「親密さ（intimacy）」という語に次第に集約されていく。一九三〇年代はじめには、米国の放送や広告代理店などの業界誌から一般向けの雑誌や新聞等において、米国のラジオの特徴は「親密なメディア」（radio is intimate medium）とする言説がみられるようになった*6。

6 福永 2015

「親密なラジオ」の浸透――『炉辺談話』

ラジオ＝親密という認識や言説が世間に広く知れ渡る契機となったのは、『炉《ろ》辺《へん》談話（fireside chat）』と呼ばれるラジオ演説番組である。一九三三年に米大統領に就任したフランクリン・ローズヴェルトは、就任から一九四五年まで二八回にわたりホワイトハウスから国民に向け生放送で約一〇～四〇分程度の演説を行った。放送日は多くが日曜夜（東部時間）で、演説の主なトピックは、一九三〇年代前半は世界大恐慌へのニューディール政策、一九三〇年代後半は第二次世界大戦についてであった[*7]。

7 Winfield 1994

ローズヴェルトは『炉辺談話』で演説する際、従来のパブリック・スピーキング的な演説ではなく、各家庭にいる国民一人一人に直接語りかけるように会話的でおだやかな口調、すなわち米国ラジオ放送業界で醸成されていた「親密な口調」で演説を行った。「親密な口調」は当時まだ米国固有のもので、英国の歴史家エイザ・ブリッグスによれば、同時期の英国ＢＢＣでは、アナウンサーは名前を名乗らず個性も提示しない匿名的な口調が志向されていた[*8]。米国でも、演説といえば従来のパブリック・スピーキング的な口調が一般的で、国家元首が親密な口調で演説し、それを多くの国民が同時一斉に聴くことはそれまでにないものだった。

8 Briggs 1961

『炉辺談話』を聴いた者は、ローズヴェルトが遠く離れたスタジオにいるにもかかわらず、あたかも自分の目の前で直接語りかけられているかのように、または彼が大統領という遠い存在であるにもかかわらず、あたかも友人のような近い存在であるかのように感じた。最初の『炉辺談話』からまもなく、ローズヴェルトの演説は、リスナーからのラジオ局への投書や新聞等の世論において激賞され、ローズヴェルトは大衆から絶大な支持を得ることになる。『炉辺談話』に対する賞賛の多くは、ローズヴェルトの口調に対するものだった。新聞の評論には、「彼の魅力的な声は人々に明瞭に響き渡る。彼はマイクロフォンに向かって話すのではなくリスナーに向けて話している。スピーチではなくおしゃべり（chat）をしている。……大統領の声からは、誠実さ、善良さ、温和さ、意志、信念の強さ、強壮さ、勇敢さ、幸福にあふれたような人柄があらわれている。……ローズヴェルトは『ラジオ大統領』である[*9]」とある。

とはいえ、『炉辺談話』は政府報道における政治宣伝のひとつであった。ローズヴェルト体制下では、大統領の公的イメージの操作のために新聞報道は厳しい規制が敷かれ、ラジオも一九三四年にローズヴェルトを創立者として連邦コミュニケーション委員会（FCC：Federal Communications Commission）が設立され、政府が放送内容に介入することができていた[*10]。したがって、『炉辺談話』への評価にもその影響はあるだろう。しかし、注目すべきは『炉辺談話』を含め、恐慌期にラジオが励ましや癒しといった心理的なケアを担いはじめたことである。世界大恐慌によって、多くの米国人が不況や失業など経済的・社会的・感情的な打撃を被った。娯楽産業も深刻な打撃を被《こうむ》ったが、ラジオは家庭で享受できる新たな娯楽や情報摂取のメディアとして、不況下にもかかわらず普及率が上昇した。ラジオ史研究者のブルース・レントールは、『炉辺談話』のリスナーのなかには、ローズヴェルトの声を恐慌の困難な状況を忘れることのできる鎮痛剤と捉えるも

9 "When Roosevelt Goes on the Air," *The New York Times*, Jun 18, 1933: 17

10 Winfield 1994

のもいたと指摘する[11]。また、歴史学者ヴィクター・R・グリーンは、恐慌期のポピュラー歌手やエンターテイナーたちのなかには、恐慌にあえぐリスナーたちの感情的な不安を軽減するため、ラジオを介して自らが癒しとして機能するよう努めていた人たちがいることを指摘している[12]。このように、ラジオを介したケア的な現象や実践は、一九三〇年代にすでにみられるものだった。

「親密なラジオ」の定着

『炉辺談話』は、ラジオの特性への言及に「親密さ」の語を用いることを加速させていく。『炉辺談話』以降、ジャーナリズムや市井の領域だけでなく学術上でも「ラジオ=親密」とする言説がみられはじめた。米国のマス・コミュニケーション研究では、早くは一九三五年に社会心理学社ハドリー・キャントリルと、心理学者ゴードン・オールポートの共著で『炉辺談話』を例にラジオの親密さについて言及されており[13]、ドイツ出身の芸術理論家で心理学者のルドルフ・アルンハイムは一九三六年に著したラジオ論（*Radio* 同書はユダヤ人の著者が米国への亡命以前にドイツで執筆している）でも同様の指摘をしている[14]。

ラジオの特性を親密さに求めるこれらの指摘は、その後マーシャル・マクルーハンによる『メディア論[15]』に受け継がれる。「ラジオは大多数の人びとに親密な一対一の関係をもたらし、話者=話し手と聞き手との間に暗黙の意思疎通の世

11 Lenthall 2007: 92

12 Greene 1995

13 Cantril and Allport 1935

14 Arnheim 1936

15 マクルーハン 1987

界をつくり出す[16]」というマクルーハンの指摘は、ラジオの特性に関する説明においてジャーナリズムや現代のメディア研究者にいたるまで広く引用されることになった。

以上のように、米国のラジオ放送界で醸成されてきたラジオの「親密さ」とは、口調によって、実際は離れているが近くにいるように感じるという「身体的な距離の近さ」と、見知らぬ人だが人となりが明瞭かつ親近感があるという「心理的な距離の近さ」という、二つの近しさをイメージさせるものであった。それは、生放送を一斉に多くの人が聴く共時的なマスメディアとなった当時のラジオにおいて、「遠く離れたところから寄り添う」ことを可能とする技法《テクニック》として大きな効力を発揮したのである。

2-2　口調による親密さのメカニズム

ではなぜ、ラジオを介した口調によって身体的・心理的な距離の近しさが喚起されるのか。いったん歴史の観察から離れ、そのメカニズムを確認しておこう。注目するのは、音声に含まれる情報とその認知の仕方、そして音声コミュニケーションのモードとテクノロジーの関係である。

16 マクルーハン 1987: 311

パラ言語による親密さの伝達

音声コミュニケーションにおいて伝達される情報には、「言語情報」と「非言語情報」がある。言語情報とは、発せられた「言葉」のことである。非言語情報とは、対面では顔の表情、視線、ジェスチャー、身振り、身体接触、対人距離といった話し手の「身体動作」、または声の高さ(pitch)、大きさ(volume)、速さ(tempo)、間合い(interval)といった「音声の性状」のことである。音声の性状とは音声に付随する音響的特徴のことで、「パラ言語(paralanguage)」とも呼ばれる。

認知心理学者の田中章浩によれば、パラ言語は話し手の情動、意図、態度から性別、体格、健康状態、感情、性格までをイメージする手がかりになるという[*17]。

しかし、パラ言語に含まれるそれら情報の伝達度には差があるようだ。感情の場合、怒り、喜び、悲しみといった「基本感情」は伝達されやすいが、相反する複数の感情が入り混じった「混合感情」や「潜在感情」はされにくい。一方で、態度は伝達されやすい。態度とは、ある特定の対象に対する評価や好悪のことで、賛成—反対、良い—悪い、好き—嫌い、などで表され、親近感、敵意、優越感、服従感、誠意、権力などがこれに含まれる。身体の性状の場合、性別や年齢は伝達されやすいが、体格はされにくい。性格や気質は、熱心/無気力、活動的/怠惰などは伝達されやすいが、内向的/外交的、誠実/不誠実、遵法的/犯罪的、健康/病弱などはされにくい。とりわけ、誰の声であるかを判別する声の個人性

17 田中 2022

に関しては、パラ言語では同定が難しく、個人の能力に依存するという*18。

口調とはまさしくパラ言語にあたる。親密な感情や態度がパラ言語としてどの程度伝わるのかを論じることは筆者の専門ではないため触れないが、確度の個人差はあれ伝達されるといってよいだろう。

声のクローズアップ――プロクセミックスと電気音響技術

言葉やパラ言語によって「親密さ」を伝えるわけだが、それはどのような音声コミュニケーションなのだろうか。文化人類学者のエドワード・ホールが「プロクセミックス」と名付けた人間の相互作用における空間の知覚と利用の理論において示したように、人は身体的な距離帯、「公衆距離（三・六～七・六メートル以上）」「社会距離（一・二一～三・六メートル）」「個体距離（五〇～八〇センチメートル）」「密接距離（一五～五〇センチメートル）」によって、異なるふるまいやコミュニケーションのモードをとる。音声コミュニケーションの場合、舞台から客席に向かって地声で届けなければならないような「公衆距離」では、発声は投射的（projective）で演説的で公的なモードになるし、人同士が一対一的で向き合うか触れ合うような「個体距離」や「密接距離」では、発声は声量とトーンを抑え会話的かささやき声のような私的なモードになる*19。

親密さを表出する音声コミュニケーションは、文化差はあれ、ほとんどが密接

18 ヴァーガス 1987; 森ほか 2014

19 ホール 1970

距離か個体距離でのコミュニケーション・モードである。それ以上離れると伝達は極めてむずかしい。「親密」が近さのメタファーで捉えられるのは、親密なコミュニケーションのモードが近接下に限られるからだ。このように、音声コミュニケーションのモードは、対面では身体的な距離の遠近に規定される。

しかし、ラジオの場合、音声コミュニケーションのモードと距離帯との関係は無くなり、近接した（proximate）、一対一的・直接的な（direct）、個人的な（personal）、私的な（private）といった親密な音声のモードでも、音量を増大して聴き手に届けることができる。これを可能にするのは、一九一〇年代に実用化した音声の電気的増幅技術だ。音声の電気的増幅技術は、一九二〇年代にマイクロフォンやラウドスピーカーのような機器の登場と発展を促し、「ささやき声」のような微弱な音声振動でも電気信号の増幅によって大音量で再現する、いわば「声のクローズアップ」によって、それまでにない音声の様態をもたらした。つまり、対面では接近しなければ伝わらない微細なニュアンスや私的なコミュニケーションの伝達を可能にし、電話に限られていた「親密な音声モードのテレ・コミュニケーション」をラジオでも可能としたのである。ラジオの「離れた場所から寄り添う」という一見矛盾した音声コミュニケーションの成立には、電気音響技術が重要な役割を果たしていた。「声のクローズアップ」を応用することで、口調による「ラジオの親密さ」が可能となったのである。

2-3 「親密なラジオ」のヴァリエーション

参加による親密さ——双方向的な互恵関係（interactive reciprocity）

戦前の米国で生まれた「親密なラジオ」は、戦後以降は各国に広がっていく。「親密な口調」は英国のBBCでも定着し、一九七〇年代には「形式ばらない（informal）」「直接話すような（direct address）」「その人らしい（personalized）」口調が理想的なラジオの声とされるようになった[20]。戦後は、ラジオ放送にいくつかの大きな変化が生じたことで、口調によって想像的にあらわれる親密さとは別種の「親密さ」が出現した。キーワードは「参加」である。

戦後、テレビの台頭によって、ヴァラエティ・ショーのような番組形式はテレビへ移行し、ラジオは小さな放送ブースで一人か数人がトークしたり音楽をかけたりする現在的な形態に変容していった。とりわけ、リスナーが電話で番組に出演する「call-in（英国ではphone-in）」と呼ばれる番組形式は、リスナーへの出演料の支払いが不要といった理由から、ラジオの衰退とともにあらわれたものだった。ラジオ放送はかつての主流だった一方向的なショー形式番組からリスナーの直接参加が展開される双方向的な番組形態へシフトし、時代とともに、電話、ハガキ、ファックス、電子メール、SNSとつながりの経路を増やしながら、リクエスト、お便り、クイズ、人生相談など、さまざまなリスナーの参加形態があらわれてい

20 Shingler and Wieringa 1998: 36

くことになる。

ラジオ研究の理論構築を試みたメディア研究者のマーティン・シングラーとシンディ・ウィーリンガは、リスナーの直接参加形式は、リスナーの声を届け、ときにリスナーがラジオ番組の内容や特色を決定づけるなど、ラジオをとりまく局・番組とリスナーとの間に互恵関係（reciprocity）をもたらし、それがリスナーと番組、あるいはリスナー間の心情的に親密なつながりを生み出したと指摘する*21。たしかに、身近な例でいえば、リクエスト等によって自身の声がラジオに直接届く仕組みや、番組に便りを送るヘビーリスナーやハガキ職人のような存在は、リスナーの直接参加によってはじめて成り立つものだ。これにより番組にリスナーが参集しているかのような感覚が喚起される。これを「口調による親密さ」とは異なる、もうひとつのラジオの「親密さ」として、双方向的な互恵関係（interactive reciprocity）からなる「参加による親密さ」ということができる。

21 Shingler and Wieringa 1998: 31

日本における親密なラジオ

日本でも、「口調による親密さ」や「参加による親密さ」は、一九六〇年代後半に始まる民間放送局による若者向け深夜番組以降みられるようになった。日本のラジオ放送は、一九二五年の放送開始から一九五一年まで公共放送のみであったが、一九五〇年代に民間放送局のラジオ参入とテレビ放送の開始があり、トランジスタラジオの登場によりラジオの小型化が進み、一九六五年にテレビ視聴時間がラジオ聴取時間を上回ったことで、ラジオ番組編成のオーディエンス・セグメンテーション（聴取者細分化）が始まった。そうしてラジオは、茶の間で聴く「家族聴取」から、場所を問わずひとりで聴く「個人聴取」のメディアへと変容していった[22]。

そこで登場したのが、若者向け深夜番組である。メディア研究者の加藤晴明によれば、一九六七年放送開始のニッポン放送『オールナイトニッポン』は、現在の団塊世代にあたる当時の大学生や中高生にターゲットを絞り、最先端の洋楽やフォークソング、ラジオ・パーソナリティによるタメ口をはじめとする若者にフックする言葉遣い、リスナーである若者に直接話しかけるような口調、リクエストやハガキ投稿といったリスナーの声が送り手に届く双方向的なつながりを生む仕組みによって、密室的な雰囲気によるコミューン的なラジオコミュニティを作り上げたという[23]。加藤は、こうした若者向け深夜番組について、「ラジオ・パーソナリティを媒介としたラジオとリスナーの親密な関係とそれが生み出すラジオ局への帰属感覚は、われわれのメディア経験の歴史のなかでは特異な質をもっていた。それは、伝達のコミュニケーションや表出のコミュニケーション（中略）とは異なる質をもった、親密な関係コミュニケーションである[24]」と指摘する。

22 星 2016

23 加藤 2009

24 加藤 2009: 13

米国の「親密な口調」は、広告や政治宣伝を背景に全てのリスナーを対象としていたのに対して、『オールナイトニッポン』における特定のリスナーに向けられた「親密な口調」は、加藤の指摘するようにラジオを新たな親密なメディア空間へと変容させた。リスナーは、単に番組を楽しんだり聞き流したりするのではなく、自分自身や同世代あるいは境遇や感性などが同属の我々に向けて呼びかけているかのような包摂感覚をもつことができた。また、リクエストや投稿等によるリスナーと番組の双方向的な互恵関係は、参加する者はもちろん、しない者も番組への参加感覚を喚起させる。そうして、シングラーとウィーリンガのいうように、番組ひいては送り手とリスナー、そしてリスナーたちの間にも、心情的に親密な関係性や共同体が存在するかのように感じることができるのだろう。

　特定の聴取者層に向けた番組構成、投稿やリクエストなどの仕組み、電話等による直接参加は、現在の日本のラジオ放送において主要な番組形式となっている。一九九〇年放送開始のＮＨＫ『ラジオ深夜便』は中高年層から支持され、日々リスナーからの便りが読み上げられている。一九六五年放送開始のニッポン放送『テレフォン人生相談』、一九八四年放送開始のＮＨＫ『夏休み子ども科学電話相談（現・子ども科学電話相談）』は、代表的な電話によるリスナーの直接参加形式番組である。その他こうした番組形式がいかにラジオの本流であるかは、ラジオを聴けばすぐにわかることだろう。

ここまでみてきたように、ラジオの二つの「親密さ」とは、戦前米国で誕生し現代にかけて定着した「口調による親密さ」、主に戦後から現代にかけて定着した「参加による親密さ」である。これらは送り手とリスナーの身体的・心理的な近しさを喚起したり、双方向的な互恵関係からなるラジオ的共同体へリスナーを帰属させたりする機能をもつ。これらの「親密さ」が、「離れたところから寄り添う」ことを可能とするのだろう。

次節では、補論として、ラジオのケアのメディアとしての可能性を、「親密さ」のような音響的経験だけでなく、ラジオそのものの物質的特性から考察してみたい。

3　物質的特性からみたケア・メディアとしてのラジオ

ラジオの「軽さ」

心理的なケアを必要とする人々は、状況・身体・情緒のいずれか、あるいは全てにおいて平時の状態にない。しかし、どのような場合であれ、必要とされる限りケアは遂行されなければならない。そこで、いつでもどこでも（電波が届く限り）伝達でき、いつでもどこでもあらゆる手段で聴くことができる、ラジオのあらゆる意味での「軽さ」は、ケアのメディアとして重要な役割を果たすことができると考えられる。この「軽さ」は、以下のようないくつかの物質的な特性からなると指摘できる。

まず、ラジオを聴くためには、放送電波を受信する「受信機」とイヤホンやスピーカーなどの「変換器」が必要であるが、これら装置や機器はさまざまな様態で遍在している。受信機は、スマートフォンやPCやカーラジオ等さまざまな装置に組み込まれているため、ラジオ本体を所有していなくても何らかの手段で聴くことができる。つまり、ラジオは世帯所有率が全体で四〇パーセント、二〇代で八パーセントと統計上の所有率は低いものの、潜在的には多くの人がラジオを所有しており、聴取形態、ポータビリティ、電源にいたるまで、装置の様態も多種多様かつ選択肢が広い。「変換器」は、イヤホンの個人所有率が高く生産と入手も容易で、スピーカーは公的空間（学校・病院・商業施設・街頭）に遍在するといってよいほどどこにでもある。ラジオは、どこでも聴くことができる「手軽な」メディアなのだ。

また、ラジオを聴くという行為は、とりわけ視覚メディアと比べて手段が簡便で多様である。スマートフォンが普及した現代において、SNSやネット情報、動画なども、あらゆる手段・空間・方法で見ることができるだろう。しかし、視覚メディアは集団で見る際は画面の前に集まる必要がある一方で、聴覚メディアは音量を上げるだけで遍く届けることができる。また、変換器によって、イヤホンを使った個人聴取からスピーカーの音量次第で小〜大集団での聴取が選択できる。さらに、作業をしながらでも寝転んだり目を瞑ったりしながらでも聴くことができる。ラジオは、あらゆる手段・空間・仕方で聴くことができる「気軽な」メディアである。

そして、ラジオは送り手にとって、柔軟なメディアである。ラジオ放送の形態には、無線（放送・短波・ネット）または有線放送があり、マス局だけでなく、コミュニティFM、臨時災害放送局、ミニFM、インターネットラジオ、施設内限定放送、有線放送といった多様な放送形態がある。こうした伝達経路の多様さに加え、放送に必要な機器もそう多くない。プロフェッショナルでない限り、マイクロフォンとオーディオインターフェイス等があればラジオ放送を始めることができる。ラジオは、他のメディアよりも素早く簡便に送り手となれる「身軽な」メディアなのだ。

このような、ラジオの手軽さ・気軽さ・身軽さは、ケアへのアクセスをあらゆる意味で容易にし、放送者は聴取者の属性・状況・場所に合わせた「スポット」な放送を素早く行うことができる。ラジオの「親密さ」と同様に「軽さ」という特性もまた、ケアにおいて極めて重要な役割を果たすだろう。

4　ラジオによるケアの課題

ラジオは、その音響的・物質的な特性によって、特定の状況や場所や人々に応じて柔軟にケアの感情や意志を届けることができる。しかしながら、いくつかの課題があることを指摘し本章の括《くく》りとしたい。

ラジオによるケアの課題として、ケアの「一方向性」と「効用の不明瞭さ」を指摘しておきたい。受け手が送り手との親密な関係を喚起されたとしても、ときに双方向的に参加できるとしても、ラジオが一方向の投壜《とうびん》的コミュニケーションであることに変わりない。また、メディア効果研究が明らかにしてきたように、放送コミュニケーションは必ずしも意図したことがそのまま相手に伝わるわけではない。ラジオによるケアの結果、ケアされた者もいれば、全くされなかった者、逆効果であった者は必ずあらわれるだろう。このように、ラジオによるケアには、ケアの成否が見えにくいという問題がある。上野千鶴子は『ケアの社会学』において、「よいケア」とは「ケアする側とされる側の相互行為」であると指摘する[*25]。上野は身体的なケアを指してそう述べるが、心理的なケアも同じと考えるならば、ラジオの一方向性の限界には常に注意を払うべきだろう。

とりわけ注意が必要なのは、悲嘆や傷心など深い憂いにある人に対するケアで

25 上野 2011: 186

ある。ラジオで望まぬケアが為されてしまった場合、リスナーの負担は極めて大きい。目と違って耳には「まぶた」がなく、顔を伏せようが、背を向けようが、音は耳に飛び込んでくるのである。そして、耳を塞ぐことは目を瞑ることよりも、身体的・心理的な負担がはるかに高い。「耳へ届けるケア」である限り、「相手がどんな顔で聴いているかが見えない」ことの課題はつきまとう。

昨今はケアの人員不足や移動コスト等を理由に、介護等における在宅・遠隔ケアの開発が進められている。身体的・心理的双方のケアにおいて「非対面の身体的に寄り添わないケア」は今後増加していくことだろう。ラジオによるケアだけでなく、メディアを介したケアの可能性と限界についての深い洞察が求められる。ケアにおけるポジティヴ・ネガティヴ両側面のノウハウを収集・分析し、可能性と課題について考え続けることが必要である。

第2章 ラジオによるケア・コミュニケーションとは

金山 智子

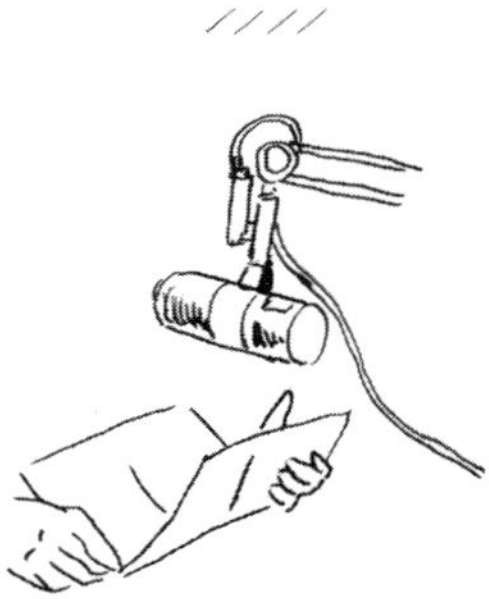

1 はじめに

ラジオの特性やその魅力は、「声」「語り」「言葉」「伝わる」といった言葉で表されることが多く、ラジオのパーソナリティの語りがリスナーに伝わって影響を与えると考えられている。加藤晴明はこれをパーソナリティとリスナーの親密な関係性を生むコミュニケーションとして捉える*1。

ラジオ・パーソナリティを媒介としたラジオとリスナーの親密な関係とそれが生み出すラジオ局への帰属感覚は、われわれのメディア経験の歴史のなかでは特異な質をもっていた。それは、伝達のコミュニケーションや表出のコミュニケーションという従来のマスコミュニケーション研究が対象としてきたコミュニケーション概念とは異なる質をもった、親密な関係コミュニ

1 加藤 2009

ケーションであるともいえた＊2。

加藤の指摘のように、ラジオを介した親密な関係コミュニケーションは、これまでマスコミュニケーション論が対象としてきた伝達や表出といったコミュニケーションとは異なる。他方、パーソナリティとリスナーとの親密な関係は、時に非対称なコミュニケーションであり、またメディアを介した公共的空間というコミュニケーション環境と理解すれば二者間の対人コミュニケーションとは異なる。これらの理由から、ラジオ特有のコミュニケーションの形態や特性は、ラジオ研究領域における議論レベルにとどまり、メディア・コミュニケーション全体として発展しにくかった。リスナーがラジオを介したコミュニケーションによって、癒されたり、励まされたりするのは、言い換えれば、リスナーがラジオを介してケアされているということであり、このラジオを介した親密なコミュニケーションを、むしろ「ケア・コミュニケーション」として捉えることが必要であろう。

小玉美意子はラジオだけでなく、人をケアするメディアによるコミュニケーションを「ケア・コミュニケーション」と総称する＊3。「ケア」を用いる理由について、「『ケア（care）』は、人びとを気にかけたり心配したりすることであるとともに、注意を促したり世話をしたり、介護することでもあり、慰めや癒しとい

2 加藤 2009：13

3 小玉 2012

う意味にもなる」と考察の適用範囲の広さを重視する[4]。そして、そこには「ケアの倫理」の存在が前提となっている。

では、ケアの倫理とは何であろうか。ケアの倫理をもとに、ラジオの親密な関係コミュニケーションをケア・コミュニケーションから捉えていくとはどういったことなのだろうか。

本章では、はじめにケアの倫理を概観し、メディア研究におけるケア概念の導入に関する議論を試みる。さらに、ラジオのトーク研究とケアのコミュニケーションの先行研究を考察しながら、具体的なラジオのケア・コミュニケーションのあり方を提示する。

2　ケアの倫理とは

フランスの哲学者ファビエンヌ・ブルジェールは、「かつてないほど、私たちは『ケア』(Care)の倫理を必要としている。人類はみずからの弱さをますます自覚しているが、他者への関心をもち、他者に配慮する実践を展開することが、共にいきること、社会をつくる仕方を考えることになる」と述べている[5]。この言葉が裏付けるように、「他者への関心によって形成される関係の倫理」であるケアの理論は、さまざまな分野や領域、実践において議論されている[6]。日本でも、

4 小玉 2012: 71

5 ブルジェール 2014: 7

6 ブルジェール 2014: 19

福祉や介護、当事者研究の流れとともにケアが重視されるようになった*7。また文学や芸術といった多様な領域でも論じられるようになってきた*8。

一般的に「ケア」は、①他人を気にかける意味での「配慮、気遣い」、②中間的な「世話」、③「医療や福祉分野」におけるケア、のうちのいずれかで理解されるが、介護や福祉、保健医療といった専門の観点から、②中間的な「世話」か、③「医療や福祉分野」のケアとして捉える人が多く、「配慮や気遣い」は、当然のことと捉えがちで、ケアとしては認識されにくい。しかし、配慮や気遣いという他者との関係は、世話や介護同様、ケアにおいて極めて重要である。ここではケアの概念について来歴から概観していきたい。

ケアは、ローマ神話『クーラ寓話』にその起源をもち、神話に登場する女神クーラ「Cura（care）」に由来する。寓話では、人間を「ケア（クーラ）の中に生まれ、ケアとともに生き、そしてケアの中に死んでいく存在」として描いている。哲学者マルティン・ハイデガーは、『存在と時間*9』の中でクーラ寓話を用い、人間を創造したがゆえに、人間はクーラから決して逃れることができないことを「この存在者（＝人間）がおのれの存在の根源を気づかいのうちにもつ」と表現することにより、人間にとっての気遣いの根源性を表した*10。事物や他者と一切関わることがなければ、私たちは生きていくことができない、つまり、絶えず何かに関わっている現存在のあり方を、「Sorge」（気づかい＝英語の care）という表現で規

7 広井 2000; 上野 2011; 野口 2002 など

8 小川 2021; 東京藝術大学 Diversity on the Arts プロジェクト 2022 など

9 ハイデガー 1994

10 田邊 2012

定したのである。一方、他者に対する現存在の関わり方を、「fürsorge」（顧慮＝英語の care, welfare）とし、「共に気づかうこと」と表現している*11。

ケアについて、最も早くまとまった哲学的考察を発表したのは哲学者のミルトン・メイヤロフである。メイヤロフ*12は、ケアすること（Caring）の本質とは、他者が成長し、自己実現することを助けることであり、それは対人関係に限られることなく、考え方や思想、あるいは地域に深く配慮し、自分の生活を組み立てることができるものであると論じた。メイヤロフはケアの主な要素として、①知識、②リズムを変えること、③忍耐、④正直、⑤信頼、⑥謙遜、⑦希望、⑧勇気を提示する。人間の生きる意味を、他者をケアすることにおいて見出し、互いが犠牲になるような排他的関係ではなく、自己の成長に資する関係を前提にしたことで新たなケアの関係性を拓いたのである。

次に、一九八〇年代に米国で提唱された二つの重要なケア理論をみていく。まず「ケアの倫理」を最初に提唱した心理学者キャロル・ギリガンは、女性の道徳感の発達に関する研究を通して、発達段階をはかるものさしが男性を規準につくられており、伝統的に女性の徳だと考えられてきた他人の要求を感じ取るという特徴こそが、女性の発達段階を低いものにしてきたことを明らかにし、女性の道徳を、従来の道徳発達理論の「権利」道徳に対置する「もうひとつの倫理」として位置づけた*13。ギリガンのケアの倫理はフェミニズム研究で批判されることも

11 池辺 2005

12 メイヤロフ 1987

13 ギリガン 1986

多いが、「倫理の本質は、権利や規則のような普遍的な概念を個別事例にあてはめる態度ではなく、むしろ個別的な人間同士の関係のなかで思いやりを発揮し、責任を引き受け合う相互作用」を生み出すと一般的には理解されている[*14]。

もうひとつの理論が教育者ネル・ノディングズの「ケアリング（Caring）」である。ノディングズは受容や関連性、感受性という女性観に基づいてケアリングの対人関係上の倫理を提示した[*15]。特に、ケアする者（ケア者）の徹底した受容態度について、ケア者である自分にケアされる相手を受け入れ、ケアする相手と共に見たり感じたりすることが必要だとし、「自己からの脱却」を主張した[*16]。ギリガンやノディングズは多数派の声である男性の道徳的思考に対して、もうひとつの少数派の声であり、女性の経験、他者への責任の感情にある「配慮すること」を訴えた。それは女性や男性といった性別にかかわらず、ひとつの独立した倫理として実践されており、家庭の私的領域に限定されず、より広い公的領域の中で捉え直されることが求められる[*17]。ギリガンやノディングズらのケア倫理は、現在では心理、福祉、看護、思想、政治、教育、環境と多様な領域や現場において活発に議論されている。

14 宮坂 2020: 77
15 Noddings 1984
16 宮坂 2020
17 トロント 2020

3 マスメディアとケア

メディア研究でのケアはいかに論じられているのだろうか。ここでは、既存の古い倫理感が支配するマスメディアと、データとアルゴリズムが支配する新たなデジタルメディアという二つの側面から、ケアの倫理がメディア社会にとって必要なのかという議論を取り上げる。

ケアの倫理が社会的に注目されたのは一九八〇年代に入ってからで、徐々に近接する領域から導入されていくようになった。保守的ともいえるメディア・コミュニケーション研究においても二〇一〇年以降になってようやく、ケアの倫理を導入すべきという議論がなされていった。メディア研究において、おそらく最初にケアの倫理の導入を提唱したのは林香里である。林は『〈オンナ・コドモ〉のジャーナリズム——ケアの倫理とともに』の中で、男性中心であったジャーナリズムの世界に対し、周縁とされてきた女性や子どもといった弱者のジャーナリズムを提唱し、これを客観的なジャーナリズムと対峙させた[*18]。

そして「ケアの倫理」を基底とする「ケアのジャーナリズム」の理念を検討するため、分析的カテゴリー（表1）を提示した。林が強調しているのは、ケアの倫理は現実には多くのジャーナリストによって実践されているが（例えばパブリック・

18 林 2011

表1　二つのジャーナリズム

	客観的ジャーナリズム	ケアのジャーナリズム
基底思想	自由主義	ケアの倫理
人間の一般的性向	自己完結的、自律的	相互依存的、ネットワーク的関係性
ジャーナリストのあり方	対象から独立、観察者	対象に依存、支援者
テーマ	権力、事件、コンフリクト、イベント	個人のニーズ、苦悩、悲しみ、日常
取材対象	政府、企業、各種団体などの既存組織、プロフェッショナル、専門家など	未組織の個人、当事者、素人
ジャーナリストとしての職能	スピード、正確さ、バランス、複数性、意見と事実の峻別	人から言葉を引き出すこと、相手への思いやり、問題の察知
スタイル	客観的、情報提供的	主観的、コミュニケーション重視、ストーリー・テラー、対象への共感
目的	アジェンダ・セッティング	コミュニティ動員、社会的コミットメント

出典：林（2011: 36）

ジャーナリズムやシビック・ジャーナリズム)、往々にして報道対象の特異性や時代の偶然性、あるいは個別特殊事例として扱われてしまい、「倫理の観点からの体系的な職能的評価や批判の対象になり得なかった」という点である[*19]。

林はこれまでのケアのジャーナリズムの事例を通して、①取材される側が当事者からケアされること、②取材される人と記者がコミュニケーションを通して「お互いさま」の関係を構築し、より広い社会的連帯の可能性を拓いていること、③「絶対的弱者」という地味な存在への評価が必要なことという三点を大事だとした。その上で、これまでの客観的ジャーナリズムに対し、ケアの倫理から偏向性・プライバシー・ニーズの三点について論じている。偏向性に関しては、これまでジャーナリズムで重視されていた普遍性という一元論に、特定の文脈に依存する偏向性を加えることで、むしろ多元論という新境地が見えてくると説く。プライバシーについては、齋藤純一[*20]の親密圏の機能に依拠し、「社会的なものからの生への干渉を遮蔽し、そのことによって正常・正当なものとして社会的に承認されていない生のあり方や生の経験を肯定する場をつくりだす。(中略) 現代を生きる多様な個人に一人ぼっちで生きていないのだという安心の感覚を保証する領域なのである[*21]」と結論づける。ニーズに関しては、当事者の主観を重視した「当事者ニーズ」が生成され、社会的な承認を得ていくまでの一連のプロセスに関わるアクターの中に、ジャーナリストも入れるべきだと主張している。

19 林 2011: 37

20 齋藤 2003

21 林 2011: 51

ケアの倫理を基底に、ジャーナリズムはこれまでの自由・独立・公共性という三つの理念に還元される営為に限定されるのではなく、「つながり・愛着・歓待」といった異なる理念をもつ側面があることを確認し、その社会的意義を承認することが可能となるとしている。林のこの指摘はラジオ放送にも当てはまる。例えば、NHKの『視覚障害ナビ・ラジオ』や『ラジオ深夜便』、子育て中の親などの声を積極的に発信するコミュニティラジオ、病院関係者や患者に向けたホスピタルラジオ、被災者に向けた災害放送など、多様な社会的弱者に向けた放送が既に実践されている。こういったラジオ実践は、オルタナティブ・メディア、メディア・アクセスあるいはメディア・プラクティスとして分類されがちだが、その基底にはケアの倫理の存在が認識される。また、ラジオ放送特有の、「トーク番組を聴く」「葉書やメールをだす」「電話などでパーソナリティと話す」といった機会は、さまざまな不安や孤独を抱えている人たちにとっては日常生活の中で安心感を得る場であり、当事者のニーズは、マイクの向こう側にいるリスナーにも共感される。寄り添うメディアあるいは親密なメディアといわれてきたラジオは、ケアするメディアであることがここからも理解される。同時に、こういった特性はラジオ研究内での議論にとどまり、メディア・コミュニケーションとして体系的に蓄積されてこなかった結果、メディア依存社会におけるメディアのケアという機能についてほとんど注視されてこなかったことが改めて指摘される。

4　デジタルメディアとケア

デジタルメディアにより、私たちの行動やコミュニケーション、そして社会のあり方が大きく変容している。さらに、AIやロボットとの共生を否応なく求められるこれからの社会において、人間らしくつながる社会の実現にケアが必要だとする声が存在している。中西新太郎は、デジタル・トランスフォーメーション（DX）が推進され、サイバー空間と現実空間とが融合した世界を未来社会として描く現代において、他者（人間存在）とはいかなる存在なのか、自己と他者とのどのような関係を社会的とみなすのかという問いに、ケアの関係から検討を行っている[22]。中西はケアを次のように定義する。

おかれた環境、地位や経済力、性格などが異なる人間同士が、それらの差異や不平等、それぞれの「欠如」から生まれる困難を軽減し解消するために、また生活上に出現する種々の課題を解決し実現するために、お互いに行う配慮および配慮のシステム[23]

対面のコミュニケーションを基本とする社会において、相互配慮という多様で

22 中西 2022

23 中西 2022: 26

伸縮性をもつ関係性は、作為性の薄い、たわいもない会話から生まれる。しかし、ソサエティ5・0のようなデータ駆動型社会においては、このような「たわいのない会話」はバグとして排除されてしまう可能性が高い。そのようなシステムの中で生きる私たちは、いかに他者との関わりをもてるのかという問いを中心に、中西は論じている。

ケア関係にかんする検討の思想的な焦点は、〈他者の存立はどのように認知・確証され保障されるのか〉という点にある。端的に言えば、「自己の世界に他者のいる場（次元）がうまれるのはどのようなメカニズムによってなのか」という論点である。すなわち、かかわり合いとしての配慮が成立するためには、「他者へのひらかれ」が不可欠ということだ。身体・動作のレベルから言語コミュニケーション、社会行動の諸形態にいたるまで、他者にひらかれている「場」がなければ配慮という関わり合いは成立しない[*24]。

24 中西 2022: 26

さらに、「他者にひらかれている場」が相互的に生み出されるためには、他者のいる余地を可能にするような「隙」あるいは「欠如」が不可欠であると論じる。そして、弱いロボットの開発者である岡田美智男のコミュニケーションに依拠し、「最初に繰り出す投機的な行為」としての発話が「それを受け止める行為」を生み出し、この「他者に身を委ねる」という、互いに不完全であることにコミュニケーションの生成基盤をもつことが重要であると指摘する。岡田は、発話の機能について次のように説明している[*25]。

ひとつの発話は、先行して繰り出された相手の発話を支えるというグラウンディングの役割と、相手からの支えを予定しつつ言葉を投げかけるという役割の二つを同時に備えている。この発話に備わる双方向の機能によって、「相手を支えつつ、同時に相手に支えられるべき関係」を形作る。(中略)不定なまま繰り出されたなにげない発話は、相手からの応答を得て、意味や価値を与えられる。その相手からの応答は、先の発話を支えると同時に、こちらからの支えを予定して繰り出されたものだ[*26]。

25 岡田 2012

26 岡田 2012: 84

岡田の説明は、ラジオでのパーソナリティとリスナーとのやりとりを想起させる。パーソナリティがリスナーに声をかけ、それにリスナーが応える。その発話に、パーソナリティは意味を汲み取りながら応答し、リスナーがさらに応じるという相互行為が続いていく。まさに他者に会話を委ねていくことでコミュニケーションが成立していく。

SNSに代表されるような精緻な個別化を実現するメディアの機能が拡大し、

コミュニケーション資本主義が一層すすめば、人の社会的存在としてのあり方はさらに狭められていく。「メディアとしての言葉は、話し手と聞き手それぞれの不完全さ（非完結性）を露呈させることで、豊富な応答関係の可能性をひらく」と中西は論じているが[*27]、ラジオの親密な関係コミュニケーションとは、パーソナリティとリスナーが互いに「身を委ねていく」ことで関係性を築くプロセスでもある。将来、このラジオの特性は、デジタルメディアに牽引される社会において、他者へひらかれる場＝相互配慮の契機として貴重となっていくかもしれない。「メディアが相互関係のあり方を拡張するのではなく、むしろ制約することがかえって『かかわり合い』を生んでいく」という中西の指摘は、古い音声メディアゆえに生成される関係であり、ラジオの特性をケアから再考していくことの意味を示唆しているといえよう。

5　ラジオの放送トーク

ラジオにおけるパーソナリティとリスナーのやりとりは、自分と他者との間主観的なコミュニケーションを通して生成されるケア関係とみていくことが可能であることがわかった。そこで、パーソナリティとリスナーとのやりとりが最も顕著であるトークについてその特徴を確認していきたい。

27 中西 2022: 29

「トーク」は「日々の生活の場で交わされるカジュアルな会話のやり取り」と定義されるが*28、元来、言語・非言語という記号を用いた、ある秩序をもった相互作用である*29。ニュース、ドラマ、バラエティ、ドキュメンタリーなどの放送活動においてトークは基本であり、その普遍性ゆえにメディア分析においてほとんど注目されてこなかった。イアン・ハッチビー*30は、メディア研究において「話す」という行為が些細な日常的実践だとして軽視されてきたことを問題視しており、放送トーク研究は日常的な会話の側面を放送の談話の中に持ち込み、放送という制度的文脈に応じて変換したものが放送活動におけるトークであると認識するところから始まった。

放送トーク自体、参加の枠組みやしゃべりの動態をもっており、それは視聴者に向けた伝達の中で作用しながら形作られる。伝達された放送トークは、公共の談話として視聴者に受容される。放送トークは、参加者間のコミュニケーションによる相互作用であると同時に、そこに不在の視聴者に聴かれるという「構造の二重性」を保持する*31。よって、放送トーク研究ではコミュニケーションの意図が番組の形式と内容においてどう組織されているかを明らかにすることが主な目的となる*32。放送メディアの中でもラジオは送り手と受け手の相互作用が高く*33、番組の中でリスナーと電話で話をする電話イン、リスナー参加型のトーク番組、リスナーのリクエストによる音楽番組など、多様なジャンルをもつことから、

28 Giddens 1987: 99
29 Hutchby 2006
30 Hutchby 2006
31 Scannell 1991
32 Hutchby 2006
33 小川 2009; 竹山 2002; 藤竹 2009

リスナーとのトークが重要な要素となる*34。放送トークの構造の二重性により番組参加者間、パーソナリティとリスナー間のそれぞれにおいて相互作用が生じる。

　視聴者への持続的な直接話法が日常会話の感覚を持続させることから、ラジオ制作ではリスナーとの会話形成が重視される。放送トークにおいて、パーソナリティとリスナーの間に社会的上下関係や親しみなど社会的直示が生まれ、挨拶や修辞的な質問などを通じた対話の中で実現される*35。例えば、「こんにちは、ようこそ」という表現は通常の日常会話では「こんにちは」などの返答を必要とするが、番組冒頭でこれを使うことで番組ホストはリスナーとの擬似的な対話を開始する。リスナーが挨拶に応答することはないが、このように反応を必要とする発話によって直接的な関わりが確立され、リスナーが談話の一部であることが暗示される*36。

　放送トーク研究では、会話分析が主な調査方法として用いられるが、方法論というより「『話すという人間の活動』が、複数の会話者の間の、微妙に調整された記号の交換行為であるという考え方*37」に依拠する。アーヴィング・ゴッフマンも、会話の参加者は互いの関係を位置づけ、刻々と変化させながら相互行為を実現させると述べている*38。会話分析では、トークと相互作用の逐次的な組織化に焦点が当てられ、会話の順番取りとその構造的現象（隣接関係のペア、オーバーラップ、修復など）が分析の中心となる。トークの順番はコントロールされており,

34 Stachyra 2014
35 Tolson 2006
36 Montgomery 1986
37 樫村 1996: 151
38 Goffman 1981

参加者は「質問する」と「答える」を交互に行っていく。ラジオのトークは一般的な会話に比べて，発話の重複が少なく，また発話途中で言いさし（述語が省略されて発話が不完全）が多くなり，聴覚による情報伝達で重複を避ける傾向がみられる[*39]。ラジオのトークに共通の傾向は存在するが，形式やジャンルによってトークの内容は異なる。

このように、ラジオ放送ではパーソナリティとリスナーは自由にトークしながらも、音声メディア特有のトークが形成されている。そして、パーソナリティとリスナーのコミュニケーションは、時空間を超えてさまざまなリスナーたちが参加する場となる。放送トークによる制約はラジオ特有のコミュニケーションを生成させ、そして、それが親密な関係コミュニケーションとして受容されていく。

39 荒畑ほか 2017

6　ケアと対人関係コミュニケーション

小玉美意子は、ケアの視点をメディア・コミュニケーションとして位置づけることを提唱するが、「『ケア・コミュニケーション』になるかどうかは、メディア内容がある人にとって心の回復や癒しにつながるかどうかで決まってくる」と述べている[*40]。個人の感じ方はメディア制作者にとっても重要である。例えば、災害時では、いつから音楽を放送したらよいか、どんな音楽を

40 小玉 2012: 72

流したらよいかと放送する側は悩む。同じ状況下でも、音楽を聴いて癒される人もいれば、被災時に音楽を流すことへ憤りを感じる人もおり、その時々の人の感情で受け止め方が異なる。人による感情の違いがあり、情報メッセージの受け止め方が異なる状況で発生するケア・コミュニケーションを明確に定義することは容易ではない。他方、これまで、音楽、文学、パフォーマンス、映像や写真、ラジオやテレビなど、さまざまなメディアによってケアのコミュニケーションが実践されてきたことは事実であり、「ケアのコミュニケーションもまた、私たちを取り巻く機能の一つとして現代生活に必要なものである*41」と、「癒し・つながり・愛着のコミュニケーション」をメディア・コミュニケーションに加える意義を小玉は強調する。

では、具体的にケアのコミュニケーションとはどういったものなのであろうか。メディア・コミュニケーション論では、さまざまな現象や事象に関して、理論を通して理解されてきたが、個人の主観的なケアのコミュニケーションはどのように理解することが可能なのであろうか。

ウォルター・オングは、『声の文化と文字の文化*42』において、人間のコミュニケーションを次のように説明する。

人間的なコミュニケーションは、そもそもそれが成立するためには、〈相

41 小玉 2012: 71

42 オング 1991

手の立場を〕先取りするようなフィードバックを必要としているという点である。メディウム・モデルでは、メッセージは、送り手の側から受け手の側へと移動する。〔それに対し〕現実の人間的なコミュニケーションにおいては、送り手は、そもそもなにかを送りうるまえに、送り手の立場ばかりでなく、受け手の立場にも立っていなければならないのである。(中略)コミュニケーションは間主観的 intersubjective である。メディア・モデルはそうではない。意識のこのはたらきは、すぐれて人間的なものであって、真の共同体を形成できる人間の能力を示している。そのような共同体を、人は、その内面において、そして間主観的に、他人と共有するのである[43]。

オングの言葉を借りれば、ラジオを介したパーソナリティとリスナーとの間には相手の立場を先取りするフィードバックが存在している。これは岡田の「この発話に備わる双方向の機能によって、『相手を支えつつ、同時に相手に支えられるべき関係』を形作る[44]」という言葉にも共通する。しかし、既存のメディア・コミュニケーション・モデルではこういった間主観的なコミュニケーションの説明は難しく、むしろ、ケアリング(ケアすること)からコミュニケーションを検討することが重要なのではないだろうか。そこで、まずケアにおけるコミュニケーションとは何かをみていきたい。

43 オング 1991: 358-359

44 岡田 2012: 84

キャロル・L・モンゴメリーは、ケアリングがコミュニケーションの観点から検証されてこなかったと指摘し、特に「コミュニケーションとは、すなわち関係」と保健医療において位置づけられていることから、対人関係コミュニケーションについて検討を行っている[*45]。ここでは、特にモンゴメリーが指摘した中からラジオのコミュニケーションに関係するものについて考察していく。

①確認

それを通して人が認識され、承認され、是認される過程[*46]。相互関係が「認められている」とするためには、次の四要素が必要である[*47]。

・相手の存在を、活動をしている人として認識すること
・相手のコミュニケーションに適切に応えることによって、それを認めること
・相手のうちなる経験に同調し、受け入れること
・相手の人と関わりになれるように話し手の役割をすすんでとること[*48]

②共感

その人の個性を深く理解し、その人の中に深く入り込むことにより、私たちはその世界を経験することが可能である[*49]。共感においては、普通の人としての感覚、参加しようとする感覚、相互依存の感覚、そして互いの関係の深さの感覚が

45 モンゴメリー 1995
46 レイン 1975
47 Sieburg 1973
48 Sieburg 1973: 23
49 Jordan 1989

必要となる。相手の中に自己を認識するだけでなく、自分の中に他人も認識する。相手とのつながりと感情的な一体感への欲求は共感によって満たされる*50。同時に、親密さと疎遠さの適切な度合いが必要である。

50 モンゴメリー 1995

③表現

ケアリングによるコミュニケーションはケアされる者が知覚するものの全体的な形、あるいは形態として理解できる。表現の主な四要素は次のとおり*51。

51 Gendron 1988

・表現の形（トーン、リズム、バランス、調和、結合、緊張と開放）
・コミュニケーションチャネル（言語と非言語の二つのチャネルで伝達。非言語チャネルはメッセージの関係的要素を伝え、感情の五～七割が非言語によって伝達される。声、空間や時間の使い方、タッチ、体の動き、物の使い方、容姿や服装など）
・力動的感覚運動反応（感覚的・感情的・想像的・位置的経験が有機的に統合し、構造や形、意味が与えられる。統合によりシンボルが形成され、感覚的要素の理解から、より有機的な理解へ移る。例えば、人は不快な色や心地よい音を理解できる）
・交響楽的な隠喩（微笑みやユーモアなど肯定的行為、穏やかで性急でない行為、相手の考えや反応への同調的リズムなど、言語的・非言語的合図の全てがオーケストラのように複雑に同調し有機的に結合し伝達される）

ケアリングは「生理学や行動、形而上学のレベルで起こる非常に複雑なコミュニケーション現象[*52]」であり、同時に、孤立したコミュニケーション行動ではなく、ひとつの形態として認識される。その認識は、言語的・非言語的な表現やコミュニケーションなどの同調と統合による包括的なものなのである。ケアリングには、「注意と関心」「相手に対する責任と提供」「敬意・好意・愛着」という三つの意味があり[*53]、ケア提供者が関係をもとうという意図をもって関わるとき、コミュニケーションは癒しの効果を示すとされる。当然その意図も、コミュニケーションによって伝わるのである。

52 モンゴメリー 1995: 42

53 Gaut 1983

7　ラジオによる五つのケア・コミュニケーション

ラジオの放送トークの特徴と、ケアリングのコミュニケーションにおいては、両方のコミュニケーションで共通点が複数存在している。中でも、ケアリングで大事とされる対人関係コミュニケーションには、ラジオを親密なメディアとさせる要素のパラ言語、例えば、声の高低や強弱、唇の使い方、発音、リズム、共鳴、テンポ、声の強弱、速さや間合い、つなぎの音声（ウーン、フンフン、舌打ち、無言）などが含まれている。「パラ言語の現象はことばで話している状況とは無関係には起こり得ないことから、検討違いな解釈をされることはあまりない」ことがわかっている[54]。すなわち、ラジオでパーソナリティとリスナーそれぞれが、言語やパラ言語を用いて起こしているコミュニケーション行動の意図は、比較的そのまま受け止められると理解できる。したがって、異なる時空間で聴いているリスナーがその時に会話の一部であるように感じるようなトークが生成されているならば、ケアのコミュニケーションにおける確認と共感がそこで発生していると捉えることが可能なのである。

さまざまな点からラジオというメディアとケアのコミュニケーションをみてきたが、次にラジオにより可能となる五つのケア・コミュニケーションについて提示する。

①親密さ・疎遠さの適当な距離

ケアにおいて、ケアする人はケアされる人の主観的な経験に入り込むか、自分の中に取り込まなければならないとする共感的なコミュニケーションが期待される。同時に、ケアする人の客観性が脅かされない程度に相手の主観的な考えから適当に距離を保つことも必要となる。つまり、「近くにいるけど、近づきすぎない」といわれる親密さと疎遠さという矛盾したバランスをとることが求められる。ラジオはその点において優れたメディアである。物理的には離れていながら、音

54 ヴァーガス 2008: 98

声メディアや技術の特性から親密さが生み出される。また、パーソナリティは面識のない第三者でありながら親密なコミュニケーションを可能にする。つまり、親密さと疎遠さという相反する概念についてリスナーが心身のバランスをとることを可能にしてくれるのである。

この特性を活かしたケア的なラジオ実践は多い。例えば、悩み相談の番組やコーナーはその典型である。愛知県を放送対象地域としたＺＩＰ‐ＦＭは、中京圏で聴取率がトップ（二〇二三年六月現在）の県域ラジオ局だが、中でも一六～三四歳の若い年齢層の聴取率は飛び抜けて高い。毎週金曜の夕方に放送されている「HOORAY HOORAY FRIDAY」も若者に人気の番組である。なっちゃんこと白井奈津がナビゲーターを務める、明るくてパワフルで軽快なしゃべりでリスナーたちを元気づける番組である。三時間の番組はリスナーを元気づけるさまざまなコーナーで構成されている。例えば、「あなたに『フレー！フレー！』をお届けします♪」「大切な人に花束を、曲と共に贈りませんか❀」「日々頑張っているアナタをほめて！ホメテ！褒めまくる！『Kimi To KANPAI』」など多様なコーナーがあり、リスナーから「応援してほしいこと」「褒めて欲しいこと」「頑張っていること」「大切な人への想い」などメッセージを募集している。一〇代～三〇代の若いリスナーから届くのは、「明日入試なので応援して」「好きな人に告白するから応援して」「妻との約束破って大丈夫かな」「転職しようか悩む」「子どものお誕生日を祝いたい」というように誰もが日常で感じるようなことである。こういったリクエストに対して、なっちゃんは「そうなんだ〜、わかる〜」「全然大丈夫だよ〜」などと、ひたすらリスナーのことを受け入れていく。電話インでリスナーに直接「フレー！フレー！　〇〇！」とエールを送ったり、自身の歌や即興演奏で応援したり、言葉を添えてリクエストの音楽をかけたり、葉書のメッセージにパフォーマンスで応えたりと、バラエティに富んだコミュニケーションで、自分の前にいる（マイクの向こう側にいるであろう）リスナーへ惜しみないエールを送る。番組を聞いているリスナーは、なっちゃんの親密で肯定的な声を聴きながら、自分の知らないリスナーの喜び、不安、あるいは誰かをケアする想いに共感を覚えることとなる。知らない者だけれど親しみを感じ、遠いけれど近く感じるといった、ラジオならではの親密で疎遠なコミュニケーションがこの状況を可能にしているのである。

②時空を超えた人たちの確認と共感

本章では、パーソナリティとリスナーのコミュニケーションについて取り上げているが、実際には、リスナーの多くは不可視的な存在である。電話やメール、あるいはX（Twitter）やLINEといったSNSを通して、放送と同期したコミュニケーションが可能ではあるが、全てのリスナーたちがそういったツールを用いたコミュニケーションを行っているわけではない。むしろ見えない存在として、言語、パラ言語、肯定的行為、同調的リズムなど、さまざまな表現を用いたパーソナリティのしゃべりを受け止めているだけのリスナーがほとんどであろう。それでも、ケアのコミュニケーションは生成されていると考えられる。その顕著な例は災害放送である。被災者たちはラジオで癒されたと話す人が多いが、被災者は、傷つき、自らが声をあげることは心情的にできない。ただじっとラジオの声に耳を傾ける人たちが圧倒的多数である。そして、こういった人たちの多くはパーソナリティが被災者を想い、気遣うという意図を、その声から感じとっている。

東日本大震災の時、多くの臨時災害放送局が開局されたが、陸前高田災害FMもそのひとつだった。そこで開局当時からパーソナリティを担当した阿部裕美さんは、筆者のインタビューの中で、震災から二年位経ったある日、年配の女性から届いた葉書に「開局から毎日ずっと放送を聞いていました。聞くだけでしたが、やっと葉書をかいてみようという気持ちになりました」と綴られていたという話をしてくれた。阿部さん自身、放送が被災者に届いているのか時々不安な気持ちになったが、この葉書を受け取って、それまでずっとラジオ放送を続けて本当に良かったと思ったと語っていた。見えないけれど確実にいるリスナーに向けて、毎日話しかけてきた阿部さんの様子は、ドキュメンタリー作品（小森はるか監督『空に聞く』二〇一八年）として描かれ、多くの共感を得たが、阿部さんがリスナーに向けてかける言葉と発する声は、モンゴメリー[55]がケアに必要だとするコミュニケーションの要素を全て含んでいるといえる。時空間を超え、パーソナリティが関わりたいと思い続けてきた意図に対して、リスナーもまた、時空間を超えて応えている。不可視であるリスナーと、そのリスナーと関わりたいと願うパーソナリティとの間で成立するコミュニケーションは、ラジオでなくては実現できないケアの意義を示唆している。

③融解による間主観的なコミュニケーション

ラジオでのコミュニケーションでは、パーソナリティとゲストあるいはリスナーとの会話において、両者の関係性が変容することがある。例えば、ＦＭいわきの復興番組「ラジオのまなざし」は二〇一三年一〇月から始まり、二〇二三年六月現在も続いている長寿番組である。二〇一三〜二〇二〇年に放送された番組を対象に、パーソナリティと被災経験のあるゲストとの会話分析をしてみると、会話の中で両者の関係性が時々変化していることが見えてくる[56]。左図の会話例の場合、パーソナリティがゲストに被災経験を聞くという会話が、両者が互いに被災経験者として体験を共有するという発話に変わり、さらに最近行われたイベントでの経験を互いに共有し、再度パーソナリティがゲストに被災経験について質問するという変化がみられた。このような状況が発生することにより、それぞ

55 モンゴメリー 1995

56 金山 2022

れの関係性が変化してくるのである。

（音楽）

P：でも休まざるを得なかった時期っていうのもありました[ね:?]

G：　　[ありましたね:::(h)]° 農災の時ですよ

　[ね:::::::]

P：[う:::::ん]hhhhh° そう° 私の職業もそうですけれども，その生きるということに直結しない職業[である]ことは＝

G：[うんうんうん]

P：＝間違いないと思うんですけど、[ものを食べるとかね，＝

G：　　　　　　　　　　　　　　[うんうんうん]

P：＝そういうことではない[ので:]＝

G：うん。

P：＝だから一旦やっぱお休みをね。

G：はい。思い出して泣いちゃうんだよ，[,＝

P：　　　　　　　　　　　　　　　　[ね：]

G：＝[また泣いちゃうんだよね，はは[ははは(h)＝

P：　　　　　　　　　　　　　　[ははははは]

G：＝二人でね:[いつもね:，こないだも泣いちゃった

P：　　　　　[そうなのね:，いつもこの話すると¥二人で泣いちゃうの[ね(h)¥

G：　　　　　　　　　[ね:]初のイベントが[::ベティちゃんと一緒にね::[::＝

P：　　　　　　　　　　　[そうなんだよね:::h)

G：＝でね:4月12[日]

P：　　　　　　[うん]，でした。

G：黒い涙を流しながら。

P：本当に、もうマスカラつけなきゃよかったって後悔したよ[ね(h)うふふ。

G：　　[ね:::h)私もアイラインとれちゃってね

P：本当に:東日本大農災の時は休まざるを得なかったっていう状況に追い込まれたわけですけどもその時はもうすっぱり休もう!って決めたんですか。

このような変容を、脇忠幸[*57]は「融解」と定義する。複数の面をもつ人同士が会話の中で、その関係性の境界が不明瞭になって溶け合っていく連続的な状態を意味している。人と人との会話は中西や岡田[*58]が重視するように、他者に委ねることで生成されており、それによってケアの関係が構築されるという一連の流れを感じさせる。ラジオでのパーソナリティとリスナーとの会話の中で、こういった融解はしばしばみられる。

融解は関係性だけでなく、時間にも生じる。ここで示す例では、被災した時の話と最近の話が交差しているが、これは「あの時・あそこ」と「いま・ここ」との境界を〈融解〉させているのである[*59]。宮坂道夫[*60]は、物語を語るナラティブにおいて、物語は人生を統合し、社会的関係の中で語られ、時間とともに変化するとし、ケアリングの中で聞き手（ケアする人）が目の前の人（ケアされる人）の語りに応じる重要性を説いている。リスナーの語りにパーソナリティが応じていく発話には、自分の見ているこの世界が確かに存在し、目の前にいる他者も自分と同じようにこの世界を認識しているという確信があり[*61]、ケアの確認や共感とも通じるものがある。社会とはさまざまな主観が織り成す「多元的現実[*62]」であり、ラジオの会話の中の融解は、ケアの関係を構築していく間主観的なコミュニケーションとなっている。

57 脇 2014
58 中西 2022、岡田 2012
59 脇 2014: 9
60 宮坂 2020
61 フッサール 1931
62 シュッツ 1945

④異なるヴァルネラビリティに対するケア

「ヴァルネラビリティ」とは、IT分野では「脆弱性」を意味するが、ケアにおいては「傷つきやすさ」と理解される。ケアは傷つきやすさを守るものであると理解されているが、ラジオにおいてもそれが実践されている。例えば、災害は発生から復旧、復興、そして、災後へといくつもの段階を経て回復に向かう。その段階ごとに、被災者や被災地のヴァルネラビリティは異なっており、被災地のコミュニティラジオでは、被災者たちのヴァルネラビリティに合わせて放送が行われている。福島第一原子力発電所事故では、被害の補償が地域格差を生んでいた。それにより地域分断が発生する状況で、被害補償のニュースを放送することが報道としては中立的でも、コミュニティの分断がすすむことを危惧して、放送しない判断をしていたコミュニティラジオ局が存在していた*63。放送しなければならない場合でも、地域の分断につながらないかを慎重に検討しながら、自然災害のみならず人災によって傷つけられた人たちと地域コミュニティをケアすることを重視する。中立性や公平性といった既存のジャーナリズム倫理ではなく、コミュニティを大事に想うケアの倫理が、純粋なジャーナリズムの営みとは異なる形でそこに存在している。

傷ついた人たちを癒すといった実践とは違ったケアもある。例えば、奄美大島のあまみエフエム（ディ!ウェイヴ!）の「島の宝　奄美っ子」は、情報番組の中の

63 金山・小川 2020

一〇分程度のコーナーだが、ディ！ウェイヴ！のリスナーたちに最も愛されているコンテンツのひとつである[64]。番組に登場する子どもたちの「オムライス好き～」「いもぅと可愛い」「ばあやとじいやが可愛がってくれる」といった発話ひとつひとつに、パーソナリティが「いいね～」「大好きなんだね」「もっと可愛がってもらってね～」とユーモアや笑いで応えていく。このやりとりは、子どもたちだけでなく、リスナーたちの間に自己肯定感を育む。パーソナリティの渡陽子は、この番組の根底にあるのは「コミュニティが愛されていることを伝えること」だと話していた。まさに、「愛情や自己肯定が弱いものを支える」というケアの実現であるといえよう。

⑤ジェネラティビティの実践

本章であまり論じてはいないが、ケアの中に、「見守る、育てていく、継承する」を意味するジェネラティビティの実践がある。エリック・エリクソン[65]はジェネラティビティとは、「次世代を確立させて導くことへの関心」と定義しており、「世代継承性」ともいわれる。ジェネラティビティとは、子どもを産む生殖性といった狭義の意味から、次なる世代、新たな社会の構築に関わっていくという意味を含み、次世代に、他者に、社会にいかに関わっていくかという個人のあり方が問われる。森一郎[66]は、ハイデガーのケアをもとに、終わりへ向かう気遣い

64 金山 2019

65 エリクソン 1977

66 森 2017

だけでなく、「始まりへの気遣い*67」へと拡張することが重要だと説く。いかに次の世代を先導していくかという実践はラジオでも考察可能である。その地域での戦争や災害といった体験や経験をつないでいくことが重要視されており、被災地などのラジオ局でも実践されている。阪神・淡路大震災で被災した神戸長田地区は、震災から二五年以上経つが、幼稚園や小中高校、自治体や商店の人たちなどが協力しながら、震災の経験を次世代へとつなぐ活動を継続的に実施している。その中核となっているのがＦＭわぃわぃというコミュニティラジオ局である。災害を経験した被災地の放送局はメディア・イベントを企画するなどさまざまなやり方で、地域の貴重な経験を次世代に教訓として残している*68。

先にあげた奄美大島のディ！ウェイヴ！もジェネラティビティを局全体として実践する好例だろう。二〇〇七年に奄美大島に初めて開局したコミュニティ放送局で、「シマッチュの、シマッチュによる、シマッチュのためのラジオ」を掲げ、島の人たちが島の人たちらしく生きていくことを目指して開局した。奄美大島の過酷な歴史を背景に、自分たちで島のアイデンティティを再構築していくことを目的にしており、島口と呼ばれる奄美言葉を使い、島唄や島の文化や自然を大事にした番組を次々と生み出している。そのユニークさゆえ、これまでＮＨＫや多くのメディア媒体でも取り上げられてきた。これが直接・間接的に影響してディ！ウェイヴ！の番組を聴き、「島口を使えるようになりたい」「島唄を歌える

67 森 2017: 38

68 金山 2021

ようになりたい」という若い人たちが確実に増えている。その背景には渡陽子さんのような島口を使いこなす若いパーソナリティの力と、そして島のお年寄りたちを巻き込み、島の文化をユニークに伝える番組群の存在がある*69。自分たちの地域の文化や経験を次世代につないでいくことがジェネラティビティというケアなのである。

69 金山 2019

8 おわりに

本章では、ラジオのケア・コミュニケーションとはいかなるものかについてみてきた。ラジオを介してパーソナリティとリスナーとの間主観的なコミュニケーションを、リスナーがケアと感じるかどうかに関して、リスナーをメッセージの受け手とみなし、それをいかに受容しているかと考える既存のメディア・コミュニケーション論での説明は難しい。しかし、ケアとコミュニケーションの視座から、パーソナリティの多様なコミュニケーションとラジオという音声メディアの特性を合わせて考察することにより、リスナーと関係したいというパーソナリティの意図や想いがリスナーに届き、それを受けたリスナーがそれに対して応答していくことで、ケアの関係が生成されている状況を理解することが可能となる。こういった関係からケアとコミュニケーションを捉えるならば、そもそもリスナーがケアと感じるかどうかという問い自体に大きな意味はないのかもしれない。モンゴメリーは、「援助活動は、単に他者を助け、喜ばせたいという願望だけではなく、私たち自身と私たちが援助する人々の両者を強化する一つの表現の形になるのである[*70]」と指摘する。ケアは私たちが他者と共に生きているというひとつの状況表現であるならば、ラジオはその表現をつくるメディアであり、社会と相対しながら多様な意味とケアをひとつに統合させ得る。

70 モンゴメリー 1995: 32

第Ⅱ部

ケアするラジオ

第3章　「知ること」から寄り添う島ラジオ

金山智子

1　はじめに

二〇〇七年五月、鹿児島県の離島、奄美大島に初のコミュニティFMあまみエフエム（ディ！ウェイヴ！）が誕生した。「シマッチュの、シマッチュによる、シマッチュのためのラジオ」を掲げ、自分たちで島のアイデンティティを再構築していくことを理想とし、島口や島唄など島文化の発信を軸に、奄美出身アーティストの番組や新しいイベントを自ら創り発信している[＊1]。あまみエフエムの開局は、奄美大島の地域社会に大きなインパクトを与え、宇検《うけん》村、瀬戸内町、そして龍郷町と、二〇一四年までに島に四つの非営利型コミュニティFM局が誕生した。奄美大島でのコミュニティラジオブームは、奄美群島の沖永良部島や徳之島にも飛び火し、各島ではミニFM放送による情報伝達が試行され、喜界島や種子島でもコミュニティFM開局に向けた動きがみられる[＊2]。このような流れから、近年、

1　金山 2008; 金山 2017; 加藤・寺岡 2017

2　金山 2017

奄美大島は「ラジオの島」とも呼ばれる。台風の常襲地域である島では、防災や減災は常に重要な課題であり、コミュニティFMは人々の命と財産を守るための強力なコミュニケーションツールとして機能しているが、同時に、奄美固有の文化を守る大事なメディアでもある。二〇二一年には沖縄北部や奄美大島がユネスコの世界自然遺産に登録され、生物多様性の豊かな自然を守ることもラジオの大事なテーマとなっている*3。本章では、離島のラジオが、どのような実践を通して島の人たちに寄り添っているのか、奄美大島宇検村のコミュニティラジオ、エフエムうけんの実践から考察する。

3 金山 2019

2 全国初の公設民営型ラジオ局エフエムうけん

宇検村は、奄美大島南西部の焼内湾をU字のように取り囲む範囲と、湾の入り口を塞ぐように浮かぶ枝手久島からなり、現在一六〇〇人が暮らす（二〇二四年一月現在）。湯湾岳、ヤクガチョボシ岳、南郷山、冠岳といった山々がつながる尾根がぐるりと湾を囲み、北から、宇検、久志、生勝、芦検、田検、湯湾、石良、須古、部連、名柄、佐念、平田、阿室、屋鈍と湾を囲むように一四の集落が存在する。湾に沿って走る七九号線が石良をのぞく一三集落を結んでいる。

二〇一〇年一月四日、宇検村に、「エフエムうけん」（周波数は76.3MHz）が開局した。当時二千人にも満たない小さな村にラジオ局が誕生したことは、全国的な話題となりメディアでも取り上げられた。宇検村では防災無線の戸別受信機の更新時期をむかえていたが、デジタル化への移行には億単位の多額な費用が掛かることを懸念しており、最終的に防災や災害放送を提供することを目的としたコミュニティラジオ局の開局を決断した。当初、でこぼこに入り組んだ焼内湾の全集落にどの程度電波が届くのか研究者たちからは不安視され、人口や地元の経済規模からは放送の持続性も疑問視されていた。にもかかわらず、開局を可能にしたのは公設民営という方法によるところが大きい。多額の費用が掛かる放送機器・機材は村が購入し、局の運営はその目的で設立したＮＰＯ法人に委託するという形である*4。このようにして、全国初の公設民営による村営ラジオ「エフエムうけん」は誕生した。

エフエムうけん開局の三年前にやっとＮＨＫ－ＦＭが聴けるようになった宇検

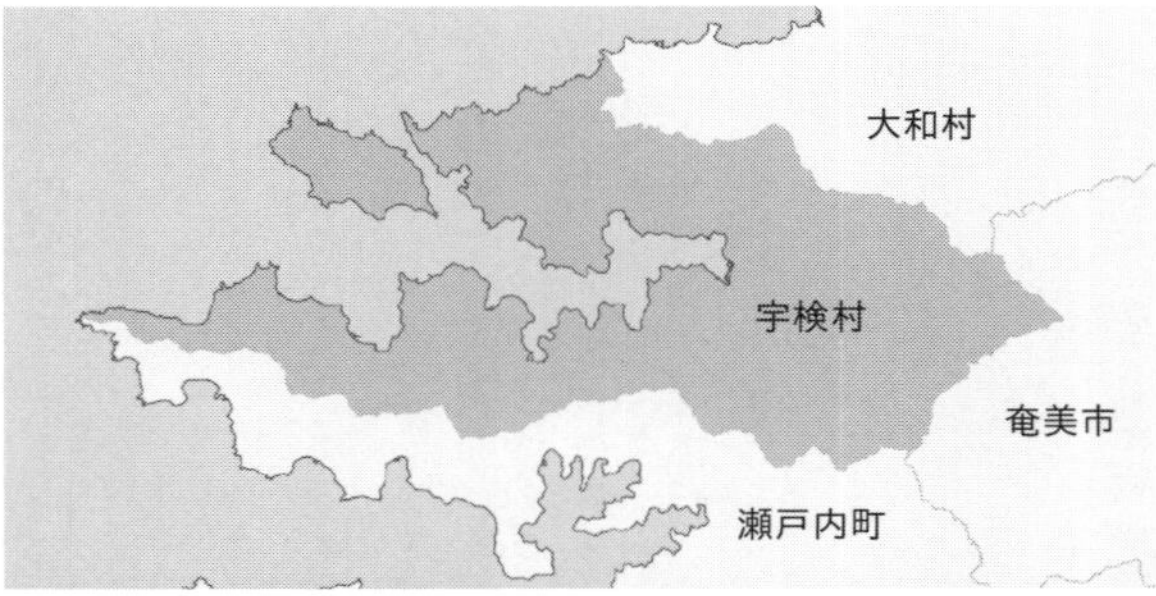

4 加藤・寺岡 2017

村には、ラジオを聴く習慣はほとんどなかった。村の補助で村内約千世帯に受信機を配り、難聴取地域には高感度の防災用ラジオを配布し、村内どこでもラジオが聴取できる環境の実現を目指した。実際には複雑な地形が原因となって電波が入りにくい場所も少なくない。局を運営しているNPO法人エフエムうけんには事務局長が常勤でおり、それ以外は全て村民のボランティアたちが自主番組を制作し、パーソナリティやミキサーも担当し、局の運営を支える。ボランティアには、農業者や会社員、村議や役場職員、教師や消防隊員、主婦や地元小中学生、Iターン家族や転勤家族など多様な人たちが関わっている。

村役場近くの路地を入った小さな建物には「エフエムうけん」と書かれた大きな看板がかかっており、建物の入り口はいつも開放されていて、誰でも気軽に入ることができる。大きなテーブルのあるスペースでは、訪れる村の人たちと向山事務局長がお茶や菓子を食べながら談笑しているのが日常の風景となっており、まさにコミュニティのお茶の間サロン的存在となっている。

3　自社制作番組とリスナー投稿

番組表を見ると分かるように、エフエムうけんの自主制作番組の枠は少ない。局では、災害対応のため二四時間放送しており、そのうちの六割を自主制作とすることが規則で求められているが、自主番組をボランティアで制作しているエフエムうけんがこれを達成するのは、一般的に考えても困難なことだった。それに対して、あまみエフエムから提案がなされ、あまみエフエムの番組をエフエムうけんとの共同制作として放送することで自主制作番組比率の向上実現が可能となった。さらに、南日本放送（MBC）、エフエムせとうち、エフエムたつごう、ミューFMなど他のローカルおよびコミュニティ局の番組も加えて、現在の混合番組編成が可能となった＊5。

枠は多くないが、局の自主制作番組（番組表の黒太字部分）は島民に最も聴かれており、主に、①島の情報、②村民のトーク番組、そして③音楽番組で構成されている。島の情報番組「しまの情報コーナー」（一〇分）は、宇検村の行政情報やお知らせ、まちの宣伝、その他の話題が中心となっており、時間帯によっては音楽リクエストもここに組み込まれる。行政情報は、村役場や関係機関の担当者が自らスタジオに入り収録している。宣伝（コマーシャル）は、村の商店や企業などの特売や商品、イベントなどの紹介を無料で放送するが、イベント企画や製品の担当者が局に出向き、自らの声で放送することが多い。

エフエムうけんの番組で、一番大切なのは村民による自由なトーク番組が流れる『ゆんきゃぶりー』である。『ゆんきゃぶりー』は島口でおしゃべりという意味で、二〇二三年五月時点では一六のトーク番組が制作され『ゆんきゃぶりー』の

5 金山 2018

エフエムうけん（周波数 76.3MH） 放送番組表

令和 5年10月作成

時	分	秒	月	火	水	木	金	土	日
5	00		音楽番組（島 唄）						
6	30		MBC放送（モーニングスマイル 30分）					ヒーリング音楽	
7	00		しまの情報コーナー（10分）						
			レジェンド	今日は何の日	アンマーの知恵袋	学校だより	ハピラジ	平！平！平！	
	30		あまみエフエム（スカンマーワイド 90分）						
8	00								（邦楽）
9	00		ミューFM						
	10		朝カフェ						
	40		しまの情報コーナー（10分） 音楽番組（演 歌）						
9	59	53	あまみエフエム（ディ！お茶ど！ 30分）						
10	00								
	30		10：15までペットボトル体操 音楽番組（島 唄 30分）						MBC放送 たけまる商店営業中（90分）
11	00		MBC放送（たんぽぽ倶楽部 60分）					土曜ラジオ！	
12	00		あまみエフエム（ヒマバン・ミショシ〜ナ 90分）						
13	00								
	30								
14	00		島の情報（10分）						FMたつごう
	10		ゆんきゃぶりー（20分）						
	30		あまみエフエム（ディ！お茶ど！ 30分）						今週の番組の再放送 月・火・水
14	59	53							
15	00								
	30		エフエムたつごう 制作番組						
16	00		MBC放送（城山スズメ 60分）						
									奄美時間（MBC）
17	00		しまの情報コーナー（10分）						
	10		ゆんきゃぶりー（20分）						
	30		あまみエフエム（ゆぷぃニングアワー 90分）						
18	00								あまみエフエム（ゆぷぃニングアワー ）
19	00		あまみFM 再放送						今週の番組の再放送 木・金・土
20	00		しまの情報コーナー（10分）						
	10		ゆんきゃぶりー（20分）						
	30		音楽番組（洋 楽 30分）						
20	59	53	あまみエフエム						
	30								
22	00								
	30								
23	00		音楽番組（J ポップ）						
	30								
0	00								
1	00								
2	00								
3	00								
4	00								
5	00								

出典：FM うけんが配布している番組表

時間帯に放送されている。比較的長く続いている番組が多く、それぞれの番組にはファンがついており、リスナーから感想などが届くこともある。中には、遠く東京などの村外から宇検村まで足を運ぶ熱烈なファンもいる。例えば、地元の男性二人がスポーツをテーマにトークする番組『レジェンド』では、チャーリーさんと呼ばれるパーソナリティのファンが多い。『アンマーの知恵袋』は、須古集落の近所同士の主婦二人が生活をテーマにおしゃべりを展開している。村内の小中学校の学校通信をもとに、最近の学校や子どもたちの様子を伝える『学校便り』は、番組をCDにして学校に配布し、昼休みに校内で放送している。

村民パーソナリティは、二〇二三年現在で三三名おり、内六割が地元住民、四割がいわゆるよそ者である。音楽番組に関しては、自動選曲プログラムを使い、自分たちで放送実施のための運行セットを行っている。現在は、早朝五時から島唄、午前は演歌と島唄、夜は洋楽、深夜にJポップを流しており、他局同様、リスナーの年代や生活リズムに合わせてジャンルを編成しているのが特徴である。プログラムされた音楽番組が重要である一方、番組に寄せられたリスナーからの音楽リクエスト曲は最も大切にしており、届いたリクエスト曲は全て流し、番組内で放送できない場合は特別番組や情報番組などで放送している。

4　メッセージカードと子どもの語り

開局以来、リクエストは電話、ファックス、メールで受け付けてきたが、ボランティアからの提案で、二〇一五年から宇検売店、ちから屋、うけん市場、名柄商店、平田商店といった村内五か所の商店にリクエストボックスを設置した。リクエストボックスの設置場所のうち、宇検、名柄、平田の三つは共同商店と呼ばれ、住民の出資に基づく株式会社または有限会社として設立された。宇検村では一九五〇年頃に宇検や芦検で共同商店が始まっており、現在四つの共同商店が村に残っている。共同商店は購買機能に加え、人々の結節点として日常的なコミュニケーションの空間としての機能も果たしている。他の二か所だが、ちから屋は七九号沿いにあり、田検小学校や中学校から最寄りでアクセスしやすく、また村営うけん市場は、新鮮な農作物や魚介加工物、土産ものが並び、住民のほかに訪れた観光客も頻繁に利用している。このようにして出来上がった村民のコミュニケーション的空間に、「リクエストBOX」が置かれるようになった。背景にはネットや携帯などを使わない子どもがリクエストできるようにという配慮があり、実際に子どもたちはリクエストメッセージカードを使って投稿するようになった。筆者は開局以来、ほぼ毎年エフエムうけんを訪問し、継続的に調査を行ってきた。あ

たにやま先生はうんどうがすごくいいです
もう立ち直りました
いもうとがうまれました。わたしみたいにかわいくなるといい
いつも楽しみにきいてる。もうすぐ終戦記念日いまもう一度戦争と平和を考える時代にきている
三味線ばひちゅんちゅきばりんしょーれ
わたしはきのうで作文を６枚おわらせました。作文はむずかしかったです。
この曲でパフォーマンスします。
毎晩ママに歌ってもらってます。「アーイアーイ」言えるようになりました。
「アンマー知恵袋」いつもお二人の自然体の掛け合いを楽しく聞いています。いつもいつも有難う。
いろいろなことが知れていいいです。
あしたうんどうかいがあります。あばあちゃんが弁当をつくってくれます。
きょうぜんこうちょうかいでかたもみをして、たのしかったです。
東京から奄美に来て一年が過ぎました。
りっちゃんに負けないようリクエストしまくりまーす
泉しょうたくん、中学校に行っても頑張れ！！ふぁい！
あゆみおばのあかちゃんがながらにきたことです。
いもうとがあーんとか言うようになりました。おもしろかった。
国文化祭で PTA 発表するコーラスになりました。おぼえなくちゃんらなくて是非お願いします。
いつも楽しみにきいています。かずきちゃんとたいがくんも楽しいクリスマスとお正月をお迎えください。
いつもお母さん、家の家事や、ラジオ、仕事おつかれさま

（子どもたちが投稿したメッセージカードの一部）

る時、「りっちゃん」(時々りっかちゃん)という名前で頻繁にリクエストメッセージカードが届いていることに気がついた。りっちゃんのメッセージカードには、ラジオで流して欲しい曲名だけでなく、最近の嬉しかったこと、頑張っていること、学校行事、祖母や母、妹のこと、好きなテレビ番組、見た映画の感想など、日常でのさまざまな思いや出来事が日記のように綴られていた。りっちゃんは、リクエスト投稿の常連となったことから局の人気者になり、番組ゲストから指名されて番組に出演したこともあった。二〇二三年三月、筆者は「りっちゃん」と初めて宇検村で会うことができた。今はもうメッセージカードを出すことはほとんどないと、中学二年生のりっちゃんは話していた。エフエムうけんの向山事務局長は過去のメッセージカードを全てファイルしており、筆者はりっちゃんと一緒に彼女が書いたメッセージカードを一枚一枚振り返りながら、当時りっちゃんがなぜ頻繁にメッセージカードを出していたのか、その気持ちを辿っていった。

「毎日のように名柄商店に行ってて、おばちゃんたちと普通にしゃべりに行って、そこにボックスがあって、暇があったら、めっちゃ書いてた」「(店に)行ったら、鉛筆くださいって言って、ウキウキ書いてた」「一人で行って、書いているといつも隣に座っているおばちゃんがいた」と話していた。りっちゃんは書くことが楽しくて仕方なかった様子が伝わってくる。小学一~二年の時は覚えたてのひらがなを使い、一生懸命書いたが、りっちゃんの成長とともに文字や表現力が変化していったことはメッセージカードからも十分に分かる。

「お願いしま〜す」と、りっちゃんがメッセージカードを渡すと、ボックスが置かれた店の店主は「りっちゃんがまたリクエスト入れてるよ」と、すぐにエフエムうけんに連絡してくる。向山事務局長は、メッセージカードをよく店まで取りに行ったそうだ。書いたばかりのメッセージカードが、人海戦術ですぐに局に届けられるという仕組みがいつの間にか出来ていたと向山さんは話す。そして、リクエストは、その時に流せる枠がなくても、必ずどこかで流すようにしていたそうだ。一方、りっちゃん自身はリクエストした曲が放送されたかどうか、自分の書いたことが読まれたかどうかについて、ラジオを聴いて確認したりはしていなかった。自分のリクエストがどうなったのかを実は知っていなかったのである。それでも一度だけ、エフエムうけんで放送した『学校便り』のCDが昼休みに学校で流された時、たまたま「りっちゃん」と名前が読まれたのを聴いて、恥ずかしくて笑ってごまかしたという経験を思い出して話していた。リクエストメッセージカードという存在は、子どもが自由に語るためのツールであり、リクエストボックスを置いている商店はそういった子どもを見守る場として機能したのである。

りっちゃんは頻繁なリクエストによって、エフエムうけんのリスナーたちから、「りっちゃん、また元気にやってるじゃん」とみんなのりっちゃん的な存在になっ

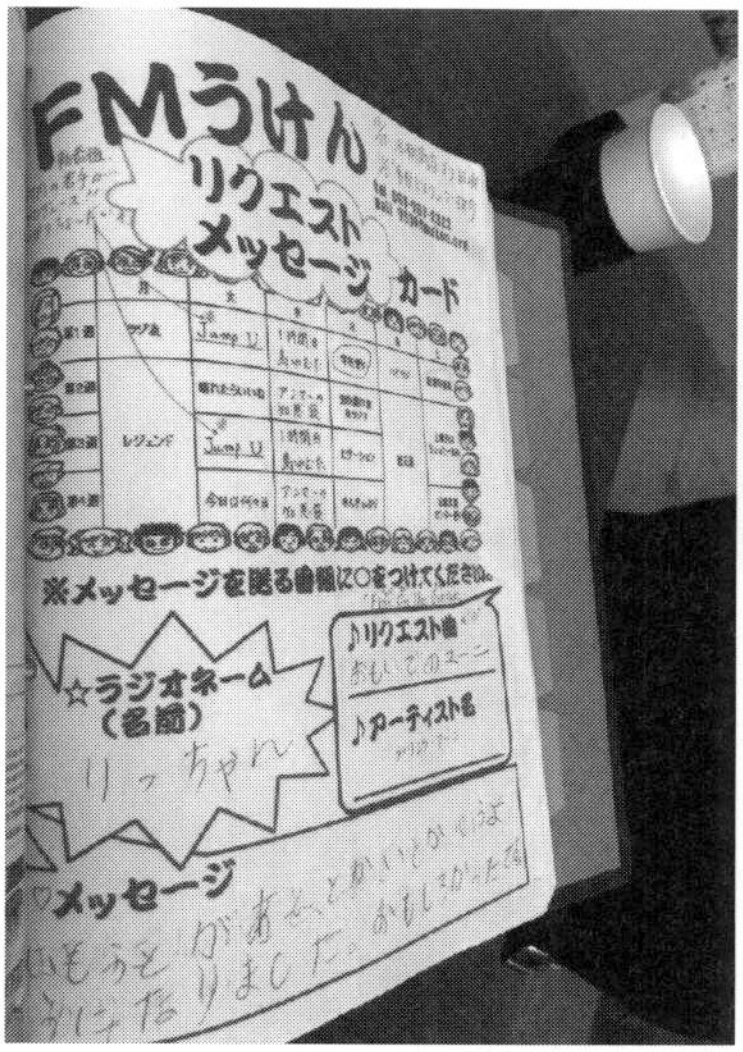

たと向山さんは話す。エフエムうけんでは、ラジオネームやニックネーム以外はほとんど実名をそのまま伝えている。

都会のラジオ局では個人のプライバシー問題でさまざまな困難が発生するが、みんなの顔が見える小さな村だからこそ、可能となっている。

「誰々さんちの孫」「誰々さんちの友達」と、直接知らなくても、誰だかが大体分かることが多く、それが楽しいと話す高齢者も少なくない。その意味において、ラジオ放送や投稿のコメントは村のコミュニケーションの場として機能し、また、リスナーはりっちゃんのように自らの思いを投稿する人たちを身近な知り合いのように受け止め、時に応援する存在として感じとっていくような、ある種のコミュニケーションの仕組みのようにも捉えられる。

りっちゃんは、三歳から島唄に、小学二年生からは三味線に親しんできた。小学校高学年になると唄者《うたしゃ》を目指すようになり、メッセージカードにも、その夢と決意が書かれていく。例えば、「いつも、スマホで聞いています!!　いつか歌手になって、美空ひばりや有名な歌手、あむろなみえおとかぬきたいです!!　次のリクエストが楽しみです!」というメッセージが、美空ひばりの「川の流れのように」のリクエスト曲とともに書かれていた。写真のメッセージカードには、「この前の島唄・歌よう曲の時に聞いて心を打たれました。私も歌手になって有名になります!!応えんよろしくおねがいします!!」と意思表明もしている。

自らメッセージカードに書いたように、りっちゃんは二〇一八年、小学四年生で奄美民謡大賞少年の部で特別賞を受賞した。二〇二二年の民謡民舞少年少女奄美連合大会では優勝、全国大会にも出場した。全国大会に出場する直前のメッセー

ジカードには、「この歌は何度聴いても大好きです。私も頑張ります。」と書かれていた。このメッセージを書いた当時の心境を、「全国大会に行く前で、めっちゃやる気だった」とりっちゃんは振り返っていた。エフエムうけんのリスナーからは、りっちゃんで親しまれていたが、今では唄者の藤原梨月香《ふじはらりつか》という名前が有名になり、宇検村だけでなく、奄美大島の人たちからも、唄者のりっかちゃんとして応援される存在となった。ラジオのリクエストメッセージカードから始まったつながりは、時を経ながら現在まで続いている。

5 お年寄りの語りと自己肯定

二〇二〇年八月まで、エフエムうけんで制作されていた番組に『包括支援センター便り』がある。宇検村の包括支援センターのスタッフが、センターでの高齢者の活動の様子を伝えたり、各集落を回って高齢者の声を収録して聴かせたりする番組である。宇検村には二〇〇六年に高齢者の生活を総合的に支えていくための拠点として，地域包括支援センターが設置された。二〇一二年五月からセンターの普及啓発を目的とした番組の『包括支援センター便り』が始まり、二〇二〇年八月に終了するまで九五回放送された。当初、保健師の古島敦子さんと看護師の徳田千春さんが制作の中心となり、取材から編集まで行っていた。番組には、高齢者の声を伝える二つのコーナーがあった。ひとつは「私も主役　あなたも主役」で、デイサービスなど利用している高齢者に対して今日の様子や感想を聞くコーナーである。もうひとつは、「会いたいな　どうしているかな」というコーナーで、介護認定を受けていない九〇代の高齢者をセンター職員が訪問して話を聞くという内容である。ここでは後者のコーナーがいかに高齢者の自己肯定感のケアにつながっているのか、古島さんと徳田さんのインタビューをもとにみていく。

宇検村には、介護認定を受けていない高齢者がかなり多く自宅で暮らしているが、九〇代後半になると介護認定されていないとはいえ、外に出なくなり、顔を見る機会が減り、「あの人はどうしているのかな」と思われている。そういった高齢者は、「早くあの世にいきたい」「生きていてもしょうがない」というのが口癖な人が多く、時々どうしているのか古島さんたちは会いにいっていたそうだ。保健師や看護師が訪問して話を聞き始めると、こういった高齢者たちは話し出すと止まらなくなる。友人も減り、人と話す機会もほとんどなくなり、自己否定の気持ちをもってしまう高齢者が多いが、古島さんたちと話をしながらいろんなことを思い起こすことで、「生きていてよかった」と思うようになってくれたらと考えて始めたのが、「会いたいな　どうしているかな」のコーナーなのである。

番組では、九〇代後半という年齢の高い方から順に話を聞いていった。高齢者に話を聞くにあたり、大体誰にも同じような質問をしていったが、耳だと聞き間違えることもあり、また経験上、「文字をすごく読む」人たちなので、大きな画用紙に質問を書いて、それを見せながら話を聞くようなスタイルになったそうだ。質問は、最初は模索しながら、徐々に高齢者の応答を参考にして、最終的に次のような質問を、このような順で聞くようになった。

・お名前を教えてください
・生年月日を教えてください
・年はおいくつですか
・今の楽しみはなんですか
・一番の思い出は何ですか
・趣味は何ですか
・好きな歌はありますか
・今まで大きな病気をしたことはありますか
・今までの人生でとても幸せだなと思った出来事を教えてください
・長生きの秘訣を教えてください
・生活をする上で気をつけていることはありますか

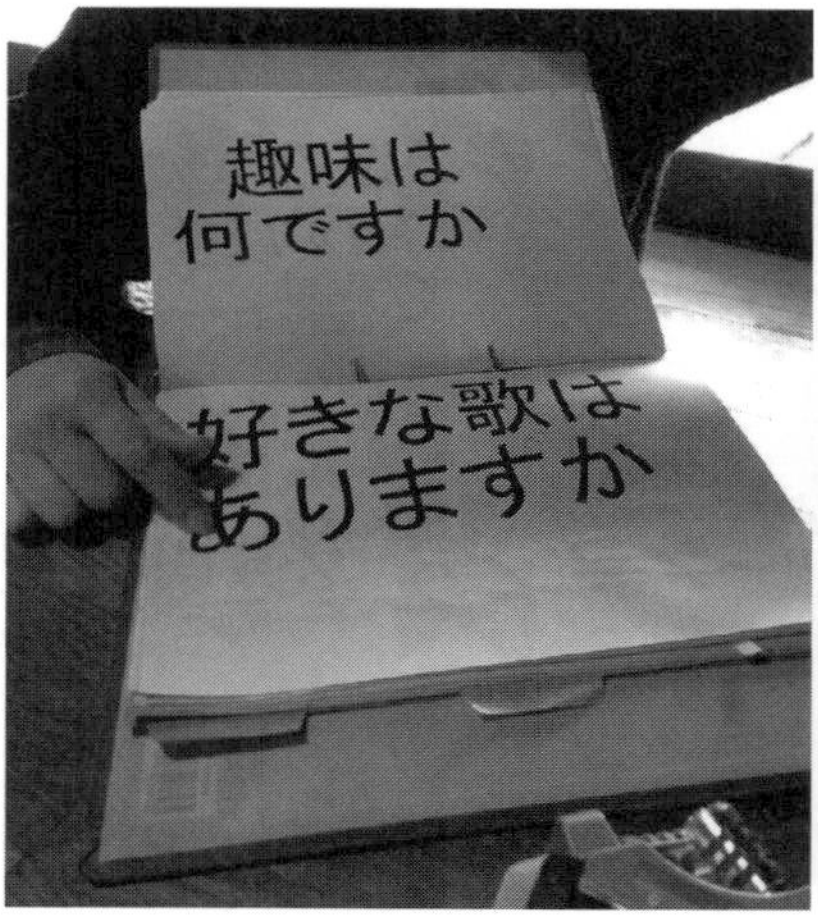

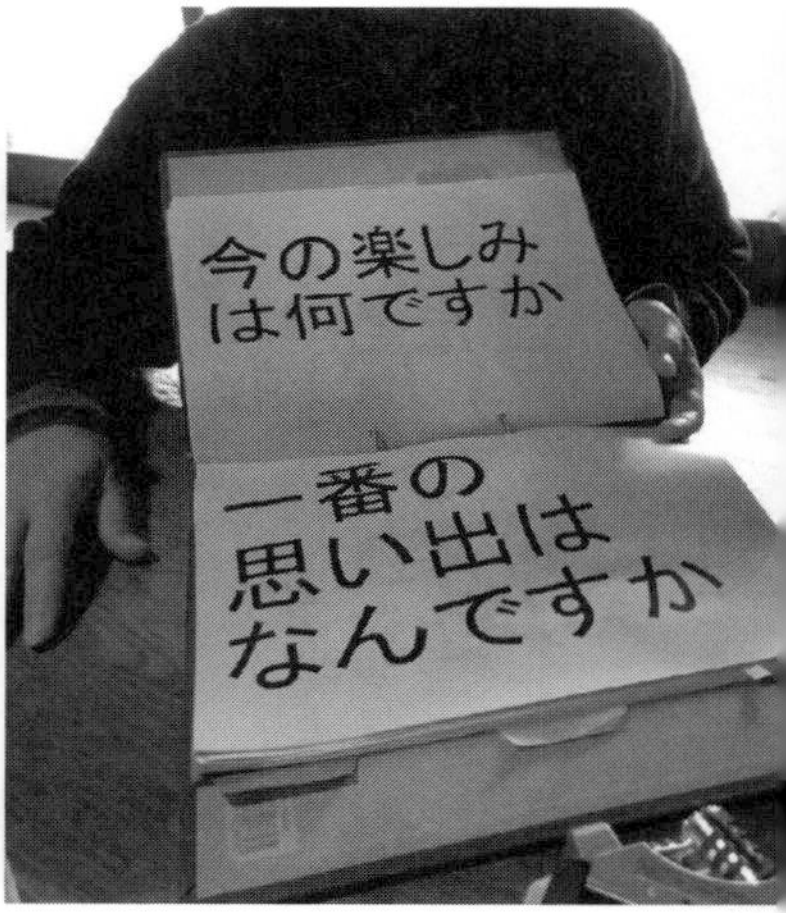

・これからの「夢」を教えてください

高齢者への取材は二人一組で行うが、「聞き役がいるだけでどんどんと話が広がる」と徳田さんは話す。子ども時代の話や若い時の話など、その人にとって大事なことを話す人が多いそうだ。また、「好きな歌」についても、昔好きだった歌や今好きな歌などを思い出す上で大事な質問だという。最後に、これからの夢について聞いているが、この質問を聞かれると九〇代の人たちの多くは「夢はない」と答えるそうだ。しかし、「この質問で、どんな風に生きていくのかを考える機会になることから聞いている」と古島さんは話しており、何を答えるかではなく、質問によってその人がこの先も前向きに生きていくという自己肯定感につながることを期待している。

話をする高齢者は、驚くほど詳細なことを記憶しており、それを話していくと二時間では足りず、一人につき二~三回に分けて訪問した。そして古島さんたちは、話をただ頷いて聞いているだけでなく、「この人がこうなったってことなのね」「そうだったんだ~」と相槌や笑い、驚きや確認といった応答を、少しオーバーなくらいに返しながら、そのお年寄りの物語をしっかりと聴いていく。家庭では、高齢の祖父母や父母に、ゆっくりと詳細にまで耳を傾けることは実は少ない。忙しい中で、「またその話?」「何度も聞いた」「また今度ね」など、適当に聞き流してしまうか、最後まで聞かず仕舞いになることが多いのが現実であろう。第三者だからこそ、高齢者は一生懸命に話し、古島さんたちはそれを一生懸命に聴く。下図はある高齢者が、一九くらいの時、東京で女中をしていたが、終戦となり、弟や従兄弟たちと故郷に戻っていくという語りの中からの一分程度の会話を分析したものである。高齢者（Y）は言動から行動まで細かく語っていく。保健師（H）は高齢者（Y）の話をできる限り理解しようと、やりとりの中で分からない時には質問していく。この部分だけでも、保健師は声の高低・強弱、リズム、共鳴、テンポ、速さや間合い、つなぎの音声など、多様なパラ言語を用いながら、高齢者とやりとりしているのが分かる。高齢者も、この保健師の会話に促され、一人でしゃべっている時よりもテンポよく、相槌も入れながら応

H：じゃあ　その:: え::と:::: まそこの:: 何ていうんですっけ 奥様に↑::相談をして弟さんたちと帰ってきたってことですか::＝
Y：＝そうです もう［ 奥様はね］その子供たちを［家に置くわけにもいかないし＝
H：［はああ:::::］［あ::］
hhh¥そっか 飛行場で働いてたけど 戦争が終わったから 返されたってこ［と？ ］¥
Y：［そうなの］
H：［あ
あ（h）やっと意味が（h）¥だから 二人もどうしようって言って
¥お姉さんのとこに相談に来たんだ［:::::＝］
Y：［そう］
H：＝¥そしたら もう はるなさんは奥さんに相談し［て::::］＝
Y：［はい］
H：＝弟二人を連れて　その　ま いとこと［ ］弟さん を連れて＝
Y：［うん］
H：＝阿室に帰ってきた［の？ ］どこ に 帰っ たの？
Y：［阿室じゃないくて］

答している。時に漫才のような二人の会話は、聞いていて楽しく、このやりとりが高齢者の話を生きた物語と感じさせている。能智正博*6は、「語りは聞き手と語り手の共同構築」であると述べているが、まさにそれが高齢者と保健師がその場で紡いでいる物語なのである。

話を聞く中で、自分の存在そのものを否定し、「私なんて」「自分はお荷物」「死にたい」と口にする高齢者にも、実は自己承認欲求があると古島さんたちは感じるそうだ。それは、SNSで「いいね」がつくことで承認欲求が満たされる若者と同じで、年齢に関係なく、何らかの形で自分が存在しているということを認めてもらいたい欲求は誰にでもあり、それは死ぬまであると古島さんは話していた。

徳田さんたちが話を聞きに高齢者の家を訪問すると、高齢者の方々はきちんとした身なりをして、少しよそゆきの顔をして待っている。古島さんはそれを次のように解釈する。

こういった準備をするのは、自分はここにいていいんだ、生きている価値はあるんだという意味があるんじゃないかと思う。新聞に載ったり、エフエムうけんで声が流れたり、テレビにでたりというのは、自分の存在を認識できる場となる。だから人からの声は励みになっていると思って、意識して（でてたねと）言うようにしている。

6　能智2006: 52

他の村民や内地にいる家族に「自分がメディアにでた」と伝えることで、自分はここまで長生きしてよかったと思う機会になっている。それが村の小さなラジオであろうと、村役場の広報紙であろうと関係なく、自身に対して目を向けてもらえたことが、自身の存在を認識し、自分を肯定する機会になる。番組にでた高齢者の家族には、その番組をCDに保存して渡すようにしている。そのお年寄りの生涯が語られた音源を家族に渡すことは、身内でも知らなかった本人のことを知る機会になり、その後、その人を失った時に辛い思いを抱える家族のグリーフィングケアにもなる。さらに、家族だけでなく、戦争を経験した九〇代の高齢者たちの貴重な体験を地域に伝承するジェネラティビティの機会にもなっていく。このように、高齢者が番組で語ることの意味はその時に完結するのではなく、その後、さまざまなケアとなって幾重にもつながっていくのである。

6　ラジオを介した「知っている」つながり

以前、筆者がエフエムうけんのリスナーを対象に実施したオーディエンス調査では、エフエムうけんを評価する点として、「知っている人がいるから」「みんな知っているから」など、放送に登場するパーソナリティやゲストを知っていることを挙げた人が非常に多かった。それは、単に知っているからという意味ではなく、「知っている人がいると元気確認ができる」「知っている人がでると頑張ろうと思う」「放送のあとで会話になる」「(知り合いだから)適当に聴いていてもオッケーだから」という理由からだった*7。また、パーソナリティもリスナーを知っているケースが多く、リスナーの顔を想像しながら、「こういう話をしたらウケるかもしれない」「これを言ったら、うちの集落のおばあたちが喜ぶ」というように、トークの内容を考えるヒントとしていた。「この話をしたから、きっと終わったあとにこう言われる」など、リスナーのリアクションまで想像するパーソナリティも存在していた。

これらの結果をケアという視点から考察すると、つながりによる安心感や身近な人による励ましと捉えることができる。特に高齢のリスナーから、「ラジオのおかげで宇検全体がもっと近くなった」という声が複数あがったが、それは高齢になり集落の外に行くことがますます減り、人に会う機会が減ったからということと、宇検村は地形の関係で行き来するのは決まった集落だけで、顔は何となく知っているが、どこの誰までかはよく知らないという人が結構いるということであり、エフエムうけんを通して、宇検村に暮らす人がどんな人かを知ることができたという人たちが多い。宇検村のような小さな村で、大体の人を何となく知っているような地域でも、ラジオは「新たな出会いの空間」として機能している。

7 金山 2018

先に述べたように、リクエストメッセージカードが地域の知り合いの子どもの日常の思いや日々感じていること、将来の夢など、子どもの気持ちを受け止める場として機能して、放送を通して村の子どもの存在と成長までも知ることを可能にさせた。『包括支援センター便り』の「会いたいな　どうしているかな」もまた、「このおばあちゃん、こういう人だったのね」と人々に親近感を抱かせるものになっている。その人の歴史だけでなく、その人が何を思い、どのように過ごしてきたのかを受け止め、放送番組を通じて深く知る機会がエフエムうけんによって創出されている。そして、地域の子どもやお年寄りのことを知ったリスナーはその存在を身近に受け止め、他のリスナーとのコミュニケーションを通して、つながりを確認していく。

　ミルトン・メイヤロフ[*8]は、ケアすることの本質とは、他者が成長し、自己実現することを助けることであり、それは対人関係に限られておらず、地域に深く配慮し、自分の生活の組み立てができることと論じている。そして、ケアの主な八つの要素として、①知識、②リズムを変えること、③忍耐、④正直、⑤信頼、⑥謙遜、⑦希望、⑧勇気を提示しているが、最初に提示されているのが「知識」[*9]、つまり「知ること」であり、メイヤロフは次のように述べている。

　《誰かをケアするためには、私は多くのことを知る必要がある。例えば、そ

8 メイヤロフ 1987

9 メイヤロフ 1987: 34

の人がどんな人なのか、その人の力や限界はどれくらいなのか、その人の求めていることは何か、その人の成長の助けになることはいったい何か――などを私は知らねばならない。そして、そのひとの要求にどのように答えるか、私自身の力と限界がどのくらいなのかを私は知らねばならない[10]》

ラジオ放送をきっかけに、地域の子どもや高齢者がどんな人で、何を求めているのか、そして、これから生きていく上で何が助けになるのかを、リクエストやメッセージを通して知り、それに合った形で応答していく。まさに「知ること」から始まり、そこにケアの本質を見ることができる。

エフエムうけんは、自主番組枠は少なく、他局の番組がかなり入った混合番組編成を特徴としているが、リスナーは「知っている人」「身近な人」「聴き慣れた声」といった点から、エフエムうけんの番組を「聴き分けている」ことが明らかになった[11]。その中で、あまみエフエムの番組に関しては、身内のように感じている人や自分の局（宇検）と思っている人が多かったが、その理由のひとつは、あまみエフエムの人気パーソナリティの渡陽子が宇検村の田検集落出身であり、彼女に親近感をもっている人がとても多いことが挙げられる。また、あまみエフエムの番組はエフエムうけんで朝・午前・昼・午後・夕方・晩とかなり頻繁に放送されており、渡陽子をはじめ、あまみエフエムの人気パーソナリティの声を覚え

10 メイヤロフ 1987: 32-35

11 金山 2018

ているリスナーも多く、あまみエフエムのパーソナリティの声を「いつもの声」「知っている声」と表現している人たちもいた。リスナーは無意識のうちに、「この人は身内、この人は知らない人」と、自分にとっての「ウチとソト」を声や名前などで聞き分けているようであった。逆に、異なるラジオ局の番組が混合されているからこそ、自分に近いと感じるもの、自分の身内のようなものが際立ってくる。エフエムうけんの向山事務局長は番組編成について「ミックスだからいいのよ」と繰り返し強調していたが、多様な声や価値観を受け止め、吸収できる場だからこそ、いろいろな他所のものも入ってくることが許容され、それを村の人たちが楽しむ。そして、最後には、「やっぱり宇検がいい」と自分たちの良さを再確認、つまり安心感を得ていく。これはエフエムうけんだけではなく、私たちが数あるラジオ放送番組の中で、自分にとっての「いつもの声」「知っている声」「聴き慣れた声」をもつことにも通じる。自分にとっての「いつもの声」の場にいくことで、安心感を得て、元気がもらえるのである。

7　おわりに

ラジオを通して、地域の人たちを知ることがケアのきっかけとなり、希望や勇気を互いに与え合うケアの関係が時間を経ながら醸成されていくことが、離島のコミュニティエフエムの実践を通して考察された。これは小さな村だから、小さな離島だから、あるいは、古いコミュニティが存在している地域だから可能となっているわけではない。確かに、都会に比べれば人のつながりが未だに強く、伝統的な集落のつながりも濃い地域である。人口も少なく知り合い同士も多い。しかしながら、そういった地域においても、「知る」ことによるケアは必要とされ、そして機能している。地域的なつながりが希薄化する現代社会だからこそ、小さなリクエストのような機会によって他者を知り、それを繰り返すことで信頼感をもち、そして、そういったつながりに安心感を覚えたり、時に互いを励ましたりしていく。エフエムうけんの取り組みは、ラジオを通して「知ること」によるケア・コミュニケーションを凝縮したひとつのモデルだといえよう。

第4章　立ち直りを支える刑務所ラジオ

芳賀美幸

1　はじめに

メディアを介した間接的なコミュニケーションは、私たちに目の前にいない誰かとのつながりを感じさせてくれる。特に物理的・心理的に周囲から孤立しがちな人々ほど、そうしたコミュニケーションの持つ意味は大きいといえる。

この章で取り上げる刑務所ラジオは、まさに物理的な塀によって地域社会から隔絶された受刑者らの声を取り上げるラジオ番組である。

刑務所ラジオには二つの形態がある。刑務所の内部で放送されている番組と、刑務所の外部で放送されている番組である。所内で放送されている番組の多くは、リスナーを受刑者に限定し、外部の者は聴くことができない。収容生活のストレス解消や社会とのつながりの維持などを目的に、札幌、府中、名古屋、富山、和歌山、山口、熊本など各地の刑務所で放送されている。コミュニティラジオ局な

どの協力を得て独自に制作されており、DJが受刑者からのメッセージを紹介し、リクエストされた音楽を流す番組が一般的だ。DJは、地元ラジオ局などでパーソナリティの経験がある一般の住民が務めているケースが多い。

一方で、刑務所の外部で放送されている番組は、刑務所に関わる人々の声を取り上げ、一般の地域住民も聴くことができる番組である。たとえば、愛知県豊田市の「ラジオ・ラブィート（エフエムとよた）」では、刑務所や少年院などを出た人々が出演する『コウセイラジオ』が放送されている。筆者が企画から関わっており、当事者の声を通して、犯罪からの立ち直り、刑事司法の課題について考えることを目指している。

刑務所ラジオを介したコミュニケーション、すなわち番組を聴いたり、メッセージを寄せたりするという行為は、リスナーにとってどのような意味を持つのか。本章では、刑務所ラジオから見えてくるケアの形を考えていきたい。

2 「沈黙」の刑務所

日本の刑務所の特徴は、沈黙である。受刑者たちは刑務作業中や食事中は原則、会話が禁止されており、自由に会話できる時間は限られている。会話だけでなく、所内にはさまざまな細かな規則が存在し、受刑者はそれに従いながら、決められたスケジュールに沿って、職員の号令を受けて行動する。大谷實は、刑事施設での生活について「監視された生活」「規則づくめの生活」を挙げている。常に規則や命令に従って生活する受刑者の生活は他律的・受動的にならざるをえない*1。その影響は出所後の生活にも悪影響を及ぼす。安田恵美は、受刑中は他者とのコミュニケーション機会のみならず、自身で行動を選択するという機会も極端に制限されるため、受刑者は自ら意思決定する、意思表示する能力に欠き、出所後に自らの力で生活を立て直していくことが困難になっていると述べている*2。

このような刑務所システムにおける強制的で主体性を奪う構造から脱却するために、中島学はケアの視点を提示している。ケアに着目すると、刑務所内処遇の目標は、個々の受刑者のニーズを中心にした支援の中で、当人の生きづらさの解消と人間的成長を促すことにあると導かれる。社会一般が刑務所に求める受刑者の反省には、考える主体の確立、すなわち自己の形成が必要であり、矯正教育の目的は、収容者が自己を示しうる「ことば」を獲得し、それに応答する他者との関係性の構築を促すことにあると述べている*3。

刑務所では新たな試みとして、受刑者がコミュニティ（共同体）の中で、他者に対して自身の経験を語り、人間的な成長につなげようとする動きもある。世界的に「回復共同体（TC：Therapeutic Community）」というアプローチが、欧米を中心に広まっており、日本でも導入されつつある。TCにおいて重要視されるのが、自

1 大谷 2009: 213

2 安田編 2020

3 中島 2023

分自身のさまざまな感情を感じ取り、理解し、表現する能力である「エモーショナル・リテラシー」の習得だという[*4]。自分自身が今、何を感じているのかが分からず、感情を言葉にできない状態においては、暴力が表現手段になりかわってしまうことがある。他者との対話を通じて、自分の感情を理解し、適切に表現できるようになることは、新しい生き方の獲得につながっていくと考えられている。

このように受刑者のコミュニケーション機会の確保と、他者との関わりの中で自己の感情を理解し、表現することの重要性が指摘されている中で、刑務所ラジオはどのような役割を果たしうるのだろうか。

3　所内向けラジオの役割と可能性

3-1　誕生の経緯と制作の担い手たち

刑務所とラジオのつながりは、日本でラジオ放送が始まって間もない頃にさかのぼる。一九三二年に発行された『刑政』（刑務所などの関係者向けの専門雑誌）には、鹿児島刑務所長による実践報告として、所内にラジオ受信機を設置し、受刑者の更生を目的とした教誨に活用していることが記されている[*5]。戦後には、受刑者教育へのラジオのさらなる活用が模索され、たとえば、奈良少年刑務所では、釈放者の体験をつづった手紙の朗読や、解罰者による更生座談会などが放送されて

4　坂上・アミティを学ぶ会編 2002; 坂上 2022

5　安東 1932

いた*6。

ラジオ放送が塀の中で定着する中で、番組制作の担い手たちは、時代によって変化してきた。一九六〇年前後には、職員による自主番組制作の動きが各地で見られた。当時、所内では商業放送のほかに、矯正局が全国の矯正施設を対象に制作した「矯正教育放送」なるものが流れていたという。一方で、現場の職員の間では、「集団管理」の技術として放送の果たす役割に注目しつつ、「収容者という特殊な集団」のニーズを満たすためには、商業放送では物足りないとの見方があった。また、全国一律の矯正局の放送も「自分たちのニュース」に欠けていた。その物足りなさを解消するのが、自主放送であった*7。

職員による自主放送番組は、どのような内容だったのか。『刑政』に掲載された実践報告からは、職員が創意工夫を凝らして番組づくりに取り組んでいる様子が浮かび上がる。たとえば、一九五八年に掲載された横浜刑務所の番組について書かれた記事によると、刑務作業に従事する受刑者の中で、新しい機械を考案したり、火夫として燃料の節約に貢献したりするなどの成果を挙げた者へのインタビューを番組で放送していた。『九州矯正』に一九六〇年に掲載された記事には、矯正の場で自主放送が真剣に取り上げられるようになったとした上で、番組の聴取率をあげるために収容者に直接結びつく身近な問題を取り上げる重要性を強調している。職員が福岡市内の魚市場に取材に出かけ、そこで働く出所者にインタ

6 松下 1950

7 島津 1961: 18-19

ビューするなど、出所者の体験談は、特に受刑者の関心が高いとしている[8]。

自主放送が定着するにつれ、職員だけでなく、収容者が制作に関わる事例も一部で出てきた。たとえば、久里浜少年院では、少年たちの希望で、彼らが企画構成を担う「ぼくらの時間」と題するコーナーが設けられた。誉田賢三[9]による実践報告では、コーナーの具体的な内容までは記載されていないが、「意外にも、あまり上出来とはいえないのに聴取率が相当あがった」として、好感触を記している。また、奈良少年刑務所でも受刑者制作の番組が放送されていた。佐々木昭三[10]は、番組が生まれた経緯として、職員による企画が「一方通行であり、形式化、マンネリ化」しつつある中で、監獄法改正の審議において「受刑者の自主性を育成する教育活動の研究、実践」が強調されたこともあり、「まず受刑者にとって一番身近で、興味関心をもたせられる所内放送を、彼らの自主的活動として与える」としている。

自主放送の取り組みが各地で盛り上がりをみせ、「全国矯正施設自主放送番組コンクール」といったものも開催される一方で、番組の意義を懐疑する見方もあったようだ。先の久里浜少年院の実践報告の中で、誉田賢三は、「このような番組は将来もっと積極的にやるべき」としつつ、矯正教育との結びつきが非常に希薄で、放送者側には道楽的な要素があり、聴く側には単に面白いから聞いているという態度がみられ、「矯正教育のためのマスコミとしては、いささかその使命を欠

8 坂井 1960

9 誉田 1962: 2

10 佐々木 1977: 61

いている」と指摘している。

自主放送の教育的効果が明確に示されることがないまま、番組制作の担い手は内部の職員から、地元ラジオ局の職員ら外部の者に移っていく。一九七九年に富山刑務所の教誨師であり、北日本ラジオでパーソナリティの経験がある男性がＤＪを務める『７３０ナイトアワー』が放送を開始した。これを皮切りに、受刑者からメッセージと音楽のリクエストを受け取る「ＤＪスタイル」が広がっていき、現在に至っている。各地で放送されている番組は、リクエスト番組という形式は共通しつつも、スタイルはさまざまである。たとえばリクエストメッセージの文字数やテーマの有無、メッセージに対してＤＪが積極的にコメントするか最小限に留めているかなどは、番組によって異なっている。

所内放送は、その形態を変えながら、「集団管理」の技術として塀の中で定着してきた。刑務所とメディアの関係史を概観した坂田謙司[*11]は、刑務所という限定された（閉じた）空間で反響するメディアと、ミシェル・フーコーが『監獄の誕生』[*12]の中で指摘したパノプティコン的な監視の重なりをとらえ、所内放送もまた、少数の刑務官によって作られた多数の受刑者に対する更生教育システムであり、一定の規律をもって実施される「訓練」であると指摘している。一方で、筆者の調査の中では、制作の担い手が、かつての職員から、外部の者という直接的な「管理者」ではない者たちに変わっていく中で、管理を打ち崩すようなコミュ

11 坂田 2019

12 Foucault 1975=2020

ニケーションが生まれている可能性が見えてきた。本章では、筆者が調査した事例の中から、名古屋刑務所豊橋刑務支所、岡山刑務所、松本少年刑務所、札幌刑務所の番組を中心的に取り上げる。

3-2 友人のようなDJ

刑務所の外部の人間であるDJは、受刑者に対して、どのような関わりを意識しているのだろうか。長野県にある松本少年刑務所で放送されている番組『空中散歩 まつもとの風に吹かれて』でDJを務める中川裕子氏は、「反省」や「更生」を促すことを主眼に置くのではなく、あくまでエンターテインメントとして楽しんでもらうことを重視しているという。

基本的にはあまり説教臭いことはしないようにしてるんですよね。（中略）彼らは十分、刑務所内で反省していると思うので、その時間だけは心をときほぐして明日への活力じゃないですけど、俺の好きな曲をかけてもらったし、励ましてもらったし、明日から頑張ろうと思えるような、そこに徹してやっている。（中川氏）

受刑者から寄せられるメッセージの中には、犯した罪への懺悔や後悔、壮絶な過去について書いた内容もある。女子受刑者を収容する名古屋刑務所豊橋刑務支所の番組『リクガメ』のDJを務める渡辺欣生氏は、メッセージに対して、ときに笑いや冗談をまじえた「重くない」コメントを心掛けることで、受刑者がメッセージに率直な気持ちを書けるよう配慮していた。

気持ちをどんどん言ってほしいので。読まれて楽しいっていうだけじゃなくて、書いてる時間っていうのが大事だと思うんですよ。（中略）なので、そんなに重く受けずに、もちろん真剣に書いてくれてるところをちゃかすようなことはしないようにしてますけれども。（中略）普通の感覚で友人の話を聞いているように紹介していますね。（渡辺氏）

先にも述べたように、受刑者は、常に刑務官らによって「管理」される対象であり、自身の思いを表現する機会が制限されている。一方で、リスナーにとって「友人」のような存在であろうとするDJの姿勢は、「管理」という視点とは一線を画している。DJは番組を通じて、制限の多い生活を送るリスナーへ励ましの言葉を送り、自分自身の思いを表現する場を提供しようとしている。DJのこうした働きかけが、リスナーの日頃は表に出ることのない一面、「受刑者」ではなく「一人の人間」としての一面を引き出すと考えられる。そうして引き出された一人の人間としての率直な言葉は、他のリスナーの心にも響いていく。

3-3　想像の他者と出会う場

誰かに自分の思いを知ってもらいたいけど、身近な人には言えない。でも、ラジオの向こうにいる顔を知らない誰かに対しては言えることもある。

所内番組のリスナーの中には、所内の制限された人間関係ゆえに、他者と対面で直接的にコミュニケーションをとることに煩わしさを感じている人がいた。「自分はこういうことを本当は人に言いたいけど、人に言うて、その反応が面倒くさい、怖いし邪魔くさい」（受刑者A、四〇代女性）、「刑務所の中は怖いっていうのがあって、一人の先生（職員）に話したいと思っても他の人が聞いているから言えない」（受刑者B、四〇代女性）などと、他者に心の内を明かすことへの抵抗感を持っていた。

そのような中で、ラジオ番組のコミュニケーションの間接性・匿名性が他者と関わることへのハードルを下げ、番組が受刑者にとって、想像の他者に出会う場になっていると考えられる。受刑者の中には、自身が刑務所に入っているという現実、そこでの生活を受け容れることへの抵抗から、他の受刑者と距離を置こうと葛藤している過程で、ラジオの聴取を通じて他者とのつながりを感じたという者もいた。

一番初めはなんでここにきたんだという、現実が受け止められなくて、刑務所に慣れてはいけないと思った。でもそしたら苦しくて。人ともあんまり近すぎず、私は違うんだと思ったり。でも『リクガメ』は聴いているうちに面白いなって思って。（中略）館内のことがわかるから。私ひとりじゃないんだっていう気持ちになる。心を閉ざしているときも他の人の話を聞いて楽しかった。（受刑者C、四〇代女性）

ここにいると他の受刑者と一体化しないといけないという暗黙のルールがある。刑務所の生活を普通と思いたくない、何も面白くないけど、（他の受刑者から）それを面白くない子はいらんってなる。でも、ぐれずにやっていますって（メッセージに）書いたんです。（DJの）渡辺さんやふみちゃんから「慣れちゃわないで、そのまま帰ってね」って言われて、そうかそれでいいのかと思った。（受刑者B、四〇代女性）

番組を介して、同じように葛藤したり、悩んだりしている他の受刑者の存在を想像して自らを鼓舞することもあれば、DJの言葉が励ましになることもある。刑務所という規律の厳しい、自由な会話もままならない環境で、DJの言葉や他者のメッセージ、思い出の音楽を聴いて、ほんの少しだけ素の自分に戻れる、一人の人間に戻れる。そうした瞬間があることが、受刑者にとって「償い」の日々を生きる慰めになっているのかもしれない。

3-4　受刑者による受刑者の番組

所内向け番組において、外部の人々がDJを務める番組が多い中で、刑期が長期にわたる受刑者を収容する岡山刑務所では、受刑者の中から希望した者がDJを務めている。

「DJ島人のワンカレリクエスト……」番組の冒頭と最後のあいさつに、沖縄の方言が混じる。番組名の『ワンカレ』とは、DJを務める受刑者の故郷の言葉で「私たちの」の意味を持つという。

受刑者による番組は、番組作成の過程で自主性・自律性が養われることを目的に一九八〇年に始まった。現在は毎週土曜日の夜九時から放送されている。希望者から選ばれたDJは、番組に寄せられたリクエストの中から曲を選び、原稿を執筆する。所内の一室で行われる「収録」では、DJが原稿を読み上げ、その声をボイスレコーダーに録音し、職員が後日行う編集作業で曲を挿入する。収容生活において自ら何かを選択するという機会が少ない受刑者にとって、DJとして番組で流す音楽を選び、リスナーに届けるという行為の持つ意味は大きく、収容生活を前向きに過ごすモチベーションになっているとみられる。

作業と日常生活、また反省とか、その合間の息抜き……って言い方はおかしいですけど、そういう一つの自分の一週間、一週間のまた楽しみ。少し自分的にも発散したりとか、自分自身が成長する糧になれるんで、だいぶ助かってます。(受刑者D、男性)

DJの担当になって二年目というこの受刑者は、日常生活の場面で、他の受刑者から番組の感想を直接伝えられたり、自身で放送を聴きながら「今週はよかった」「これはちょっとあれやったな」などと振り返ったりすることで、自身の成長を実感できる機会となっているという。

一方で、自分の思いを他者に向けて発信し、それに対する応答からコミュニケーションを深めていくという観点では、どうだろうか。毎週、番組を聴くというリスナー(受刑者E)は、同室で生活する受刑者で日頃お世話になっている人への思いを込めて、その人の好きな曲をリクエストすることがあるという。だが、番組で採用されることはない。特定個人に向けて書かれている言葉は、「受刑者の間に上下関係をつくりかねない」(職員)ため、トラブル防止を理由に禁止されているという。

DＪが話す内容も、曲とリクエストメッセージの紹介が大部分を占めており、DＪが話したい話題を話したり、リスナーのメッセージに返答したりすることはない。ただ、そのような中でもDＪを担当する受刑者は、番組で個性を出そうと試行錯誤する様子もうかがえた。決められた番組の枠の中で「自分のこのしゃべり方とか、選んだ曲でちょっと気晴らし発散して」（受刑者D）ほしいと、故郷の言葉を使うなどしていた。しかし、それも冒頭と最後の短いあいさつにおいてだけである。

メッセージを介した交流が生まれにくい中で、リスナーの感情を揺さぶるのが音楽である。受刑者Eは、自分のリクエストした曲だけでなく、他者のリクエスト曲と短いメッセージに、自分の思いを重ねて聴いていた。

（番組で流れる曲が）心に染みるような感じですかね。（中略）青山テルマのタイトルをちょっと、「そばにいるね*[13]」。自分がまだここに入ってからリリースされてると思うので詳しくは分かんないですけど、詩がいいなと思いました。離れ離れになってても、なにかな、お互いに思い合ってる部分とかですね。（中略）友人とよく聴いてた曲とか、彼女とよく聴いてた曲とかっていう、（他の人の）メッセージを聴くたびに、自分もその曲の歌詞の部分を集中しながら聴いて心にぐーっとくる部分ありますね。（受刑者E、男性）

13　青山テルマ Feat. Soulja (2008)『そばにいるね』ユニバーサルミュージック、UPCH-5524.

所内番組において、メッセージの内容など制限がある中でも、音楽の存在によって、自分がこれまでの人生で出会ってきた他者の存在を思い起こし、つながりを感じるきっかけになっているのかもしれない。

3-5　メッセージを書く・聴く

番組を通じて自分を見つめる

「自分の書いた文章を人に読んでもらうというのは、鏡に映った自分を見るような感じで、自分を見つめなおすことになるのではないでしょうか」。府中刑務所で放送されている番組『けやきの散歩道』について書かれた論考で、調布エフエムの岩松真也氏は、番組制作を依頼されたときに刑務官から言われた言葉を述懐している[*14]。

ラジオ番組を介して「自分を見つめる」とは、どういうことなのだろうか。真鍋昌賢[*15]は、番組にリクエストメッセージを送ることは、音楽によって喚起される記憶をたどって、自らの人生を懐古し、意味づける過程であり、同時に話題提供者として番組に寄与することであると述べている。思い出深い音楽によって、過去の経験とそこに紐づく感情が喚起され、その感情は番組を通じて、他のリスナーにも伝播していく。ここで番組を聴いているだけのリスナーも、また「語り手の言葉を触媒にして、自分自身と語っている」のである[*16]。

14　岩松 2018: 31

15　真鍋 2007

16　藤竹 2009: 71

刑務所内で放送されている番組に寄せられるメッセージの中にも、受刑者がこれまでの人生を振り返り、思いをつづったメッセージが寄せられることがある。以下は、名古屋刑務所豊橋刑務支所で放送されている番組『リクガメ』で、「花」というリクエストテーマに対して寄せられたメッセージである。

リクエストはNOBUの「いま、太陽に向かって咲く花*17」なのですが、実はこの曲、聞いたことがありません。知らない曲をリクエストしたんですね。子どもたちがくれる手紙の中に時折、歌詞が入っており、その中に花関係のものがいくつかありました。その中の一つです。（中略）どんな思いで書いてくれたかと思うと胸が苦しいです。この殺伐とした空間の中にいると、普通は外にいると気にも留めない花や音、歌や季節の音、鳥の声、人の声などが愛おしく感じます。（中略）これから何ができるか、今まで生きてきた何でも背負ってしまう考えを捨て、いいところってみんなが言ってくれるところはなくさず、日々頑張ります。一日も一日も早く帰れるように、子どもたちにたくさんの花を咲かせてあげられるように、祈らずにはいられません。どうか子どもたちが書いてくれた曲の一つを聞かせてください。

（「リクガメ」二〇二一年四月放送回）

17 NOBU（2017）『いま、太陽に向かって咲く花』ユニバーサルミュージック、UPCH-5916.

「花」というテーマから、我が子とのやり取り、生活の中でのささいな癒しの瞬間を連想し、現在の生活に励むことで、子どもとともに過ごす未来へとつなげていきたいとの思いがつづられている。次のメッセージは、「ふるさと」というテーマに対して寄せられた。

私は幼いころから両親がおらず、父方の祖父母に育ててもらったため、祖父母の存在が私にとってのふるさとです。（中略）私には帰れるふるさとというものがありませんが、祖父母は私の中に生き続けてくれているので、私のふるさとは私の心の中にあるのだと思っています。（中略）大切に育ててもらったというのにその思いを裏切って、五回も刑務所に入り、お盆にお墓参りにも行けない親不孝者の私。お盆の送り火と迎え火のかわりに、ＬｉＳＡの「炎[*18]」をリクエストします。この曲の「強くなりたいと願い泣いた決意のはなむけに」という歌詞に、もう再犯を繰り返さないという決意を込め、祖父母にささげたいので是非お願いします。

（「リクガメ」二〇二一年八月放送回）

メッセージでは、「ふるさと」というテーマに対して、物理的な場所ではなく、亡くなった祖父母の存在を挙げている。刑務所にいて行動を制限された自分と結

18 LiSA（2020）『炎』SACRA MUSIC、VVCL-1752.

びつけて、自身を「お墓参りにも行けない親不孝者」だと省みている。歌詞の引用には、祖父母に恥じない生き方を望んでいることがうかがえる。

リスナーはメッセージにおいて、これまでの人生経験、そのときの思いを現在地から振り返り、「私」の物語として編み直している。実際に番組にメッセージを投稿した経験がある者の中には、書く過程で「こういうことを言いたかったんかな、自分は」(受刑者E、四〇代女性)と自分の感情に気づいたり、所内における他の教育プログラムとの相乗効果により「素直な思いを書けるようになったと実感するし、(文章の)組み立て方がわかってきた」(受刑者F、四〇代女性)と他者に対する感情表現の仕方を身に着けつつある者もいた。

文化心理学者のブルーナー[19]は、自分自身を物語るという過程を通じて、自己は形作られていくと主張している。私たちは自分が何者であるかを説明するとき、自身の経験した人生のさまざまなエピソードの中から、あるものを選び出し、ある筋に沿って並べていく。このエピソードの選択と配列を通して、はじめて「私」は表れてくるのである[20]。そして、私たちは日々、自分を語り、その語りが人生物語の一節として書き加えられていくことで、自分というものは更新されていく[21]。こうした自分自身の物語を編み直す作業が、まさに「自分を見つめ直す」ことであるといえる。

19 Bruner 1990=1999

20 浅野 2001

21 野口 2002

物語を聞き届ける他者

自己の物語は、他者によって聞き届けられ承認されることで、より確かなものとなる。自己物語は、それを聞き届ける人がいなければ、独り言と同じであり、その場で消え去ってしまう。他者に対して自己を語ることで、その人は「人前で自分のことをそのように語った人」として存在し、語る前とは違う存在になる[*22]。ラジオ番組では、その物語を聞き届ける他者がＤＪであり、他のリスナーである。「リクガメ」のＤＪ村松史子氏は受刑者からのメッセージに対して「自分を認めてもらえた」と感じてもらえるようなやりとりを重視していた。

（受刑者が）言ったことに対して私たちが何らかの答えを出しますよね。多分、勇気づけられると思うので。（中略）やりとりしながら自分のことについて、これだけ語ってくれるっていうのは私達からすると誰なのか分かりませんけどね。それは存在を認めてもらったと思うんじゃないでしょうかね。これは確信していますけど。（村松氏）

加藤晴明[*23]によれば、人はメディア空間において非対面や匿名の利点を生かしながら、自身の物語を無条件で受け容れてくれる他者に対して自己を語ることで、自己の物語の再構築を試みる。そうして見出された自己の再生という希望は、幻

22 野口 2002: 42

23 加藤 2022

想に終わることもあれば現実世界に向かって走り出すこともある。所内向けラジオ番組のリスナーにとっては、リクエストメッセージを通じて、DJや他のリスナーに向かって自己を語ることが、立ち直りに向けた自己物語の構築、犯罪を断ち切った新しい生き方につながっていくかもしれない。

一方で、語り手だけではなく、聴いているだけのリスナーも、番組で紹介される他者のメッセージ、それに対するDJのコメントを媒介に心の内でさまざまな感情を巡らせている。「皆さんの声を聴くのが楽しい。いろんな考えがあるんだなぁと。面白い話も、生活している中で同じように戦っているんだとか」(受刑者H、七〇代女性)などというように、他者のメッセージに自分自身を重ねて、励まされたり、安心感を抱いたりしていた。小川明子[*24]は、メディアは人々が物語を交わし合う「ひろば」であるとする。そこでは自分の物語が誰かに影響を与えると同時に、他者の物語の群れから自らが生きていく上で参照できそうな物語を選び取る場となる。所内向けラジオにおいて、聴いているだけのリスナーもまた、番組で紹介されるメッセージから思いを巡らせ、自らの物語の種としているといえる。

このような番組を介したDJとリスナー、リスナー同士のコミュニケーションからは、二つのレベルのケアが見えてくる。第一に、物語として語られる自己が肯定されることでのケアである。それはたとえ更生につながる物語でなくても、

24 小川 2002: 54

語り手に対して自己を肯定される喜びや安心感、自信を与える。第二として、物語が語り直される中で、語り手がより良く生きるための新たな物語が立ち上がってくる可能性が挙げられる。このとき、語られる物語を聞き届け、承認するというDJや他のリスナーの行為は、語り手が犯罪や暴力の連鎖を断ち切って生きていくための手助けとなるケア・コミュニケーションとして位置づけられる。

4 内と外のつながりを創る

次に、刑務所の外部で放送されている番組に注目したい。世界に目を向けると、刑務所ラジオは所内のリスナーだけでなく、地域の住民にとっても刑務所という、ある意味で覆い隠された存在を可視化させる役割を果たしている。たとえば、米国では、カリフォルニア州の刑務所内で受刑者らによって制作されている『Ear Hustle』をはじめ、刑務所発のポッドキャスト番組が複数あり、インターネットを通じて世界中に向けて、収容者たちの塀の中の日常を発信している。刑務所の外部の人間にとって、こうした番組を通じて、顔が見えない受刑者を一人の人間として身近に感じ、同じ社会の一員であると想像するきっかけにつながる。一時的に社会から切り離された生活を送る受刑者たちも、いずれ刑期を終えて刑務所を出る。そのときに、同じ社会、地域で暮らす者として、どのような関わりができるのか。塀の内と外という物理的制約を超えて、互いの声に耳を傾け、つながりを育む営為こそが、メディアに求められているのではないだろうか。

現状、日本の刑務所ラジオは、所内限定の放送が圧倒的に多いが、外部のリスナーも聴くことができる番組も存在する。札幌刑務所で、二〇一一年から放送が始まったリクエスト番組『苗穂ラジオステーション』は、所内放送と同じ内容を地域住民に向けても放送しており、radiko（ラジコ）で全国から聴くことができる。番組を制作する三角山放送局社長の杉澤洋輝氏によれば、当時の刑務所長から所内向け番組の制作について依頼があり、引き受ける条件として地域への放送を打診して実現したという。DJは、同局でもともと番組を担当しており、革工芸作家として受刑者の作業指導をしていた塚原紀子さんが務めている。

所内向け番組の外部放送とは別に、施設の外部で制作され、かつて塀の中にいた人らの声で構成される番組もある。名古屋刑務所と愛知少年院という二つの矯正施設が放送エリアにある愛知県豊田市のラジオ・ラブィートでは、二〇二二年一〇月から『コウセイラジオ』が放送されている。この番組は、筆者が企画から関わっており、刑務所や少年院での生活、施設を出た後の社会復帰の過程について、当事者の経験を社会に共有することを目指している。主に外部のリスナーを想定し、刑務所の内部にいる人への想像を駆り立てることで、内と外をつなごうとする試みである。

4-1　コウセイラジオについて

『コウセイラジオ』は、三〇分間のインタビュー番組で、毎週火曜の夜に放送している。筆者とともにパーソナリティを務めるのは、NPO法人「再非行防止サポートセンター愛知」理事長の高坂朝人さん。一〇代のときに非行に走り、逮捕歴一九回、少年院に二度入った過去がある。現在は、かつての自分と同じような存在、少年院や刑務所を出て人生を再出発させようとする若者らに対して、生活や就労の支援をしている。番組プロデューサーの小笠原禎志さんは、名古屋刑務所内限定で放送されていたリクエスト番組を担当していた経験がある。

ゲストは主に高坂さんが関わりのある当事者や家族、支援者である。犯罪に走った経緯から、逮捕や施設収容をきっかけにした気持ちの変化、周囲からどのような関わりがあったのかを語ってもらっている。番組は一般のリスナーを想定して制作しているが、地元にある愛知少年院でも毎週番組を放送してもらっており、院生の書いた詩などの作品紹介を通じて、塀の中の声を届けている。

4-2　当事者が語る意味

ゲストにとって、番組で自身の経験を語ることはどんな意味があるのだろうか。シャッド・マルナ[*25]は、罪を犯した者が再犯をしない状況を維持するためには

25
Maruna 2001=2013: 19

「彼らの波乱に富んだ過去が、どのようにして、現在の立ち直ったアイデンティティへとつながっているかを（自分と他人に対して）説明するために、一貫した信用に足る自己物語を必要とする」と指摘する。そして、自己の物語は、他者によって、聞き届けられ承認されることで、より確かなものとなる[*26]。

『コウセイラジオ』にゲスト出演した三〇代男性は、家庭内暴力が日常化し、母親への傷害容疑で逮捕、裁判で執行猶予判決を受けた。逮捕をきっかけに福祉の支援につながり、発達障害の診断を受けた。実家を離れて現在の障害者グループホームに移ってから、徐々に生活が安定していった経緯を番組で語ってくれた。男性は、番組放送後は、特に気分が落ち込んだときに自身の放送を聞き返すという。

ラジオで偉そうに語っとる癖に裏ではまた悪いことするとか、昔と変わんねぇじゃねえかと（思われるので）悪いことやっちゃいかんなと。（中略）気持ちが抑えれんときとかは今もあるんだけど、ラジオで（中略）語っとったじゃないですか。これを聞き返すと、こんなことやったら、このラジオに出た意味がなくなっちゃうから気持ちを抑えるときもあるし、心が安らかになるっていうときもありますね。（三〇代男性ゲスト）

26 野口 2002

ラジオの向こう側にいる他者の存在を意識することが、番組出演時に話した自身の思いや決意を持ち続けるモチベーションにつながっているという。ここでも、自己の物語を聞き入れ、承認してくれる存在が、ラジオの向こうにいてくれるということが、語り手自身にとってケアとなっているといえる。

そして、立ち直った「先輩」の経験は、塀の中にいる人たちにとっても社会復帰に向けた準備を整えていく手助けとなる。パーソナリティの高坂さんは、自身が少年院に入っていた当時、出院した人たちの経験を聴く機会がなく、自身が社会復帰した後のこと、犯罪を辞めて立ち直った姿を想像することができなかったという。そのため、少年たちにとってロールモデルとなるような人たちの経験を伝えたいとの思いで、番組に関わっている。高坂さんの言うように番組を通じて、「元犯罪者」というスティグマを負いながらも、犯罪以外の道で自身の価値を見出して充実した人生を送る人々の物語は、塀の中にいる人たちにとって希望となりうる。同時に、塀の「外」の人が抱く、罪を犯した人への偏見を解消することにもつながるのではないだろうか。

4-3　共通体験を超えた共感

しかし、塀の中の経験を共有している者同士と異なり、犯罪をした人としていない人という両者の間には大きな隔たりがあるように感じる。そこをラジオはどのようにつなぐことができるのだろうか。藤竹暁[27]によれば、現代のラジオのリスナーたちは、番組をトータルに聴くのではなく、流れてくる声や音を断片的に拾い上げ、それを自分の経験に滑り込ませて、自身と対話している。そのために重要なのは、高精細度な語りではなく、リスナーに想像を働かせる余地を与える語りのスタイルだという。

塀の外の人々は、塀の内から再出発しようとする人々の話をどう聴くのか。『コウセイラジオ』にゲスト出演した四〇代の男性は、一〇代のときに少年院で聖書に出会い、出院後に牧師を目指した。一時期、過去の自分に戻ってしまいそうになり、神学校にも行かなくなったとき、自分が学校に戻ってくるのを信じてくれた先生の存在が、再犯に突き進むのを押しとどめてくれた、という経験を番組で語った。プロデューサーの小笠原氏は、番組の編集をしながら、長女のことが頭をよぎったという。大学受験を控えた長女を心配するあまり、ぶつかってしまうこともあった。長女の頑張りを信じてあげられていなかった自分の不甲斐なさに、思わず涙ぐんでしまったという。小笠原氏の経験と、ゲストの男性の経験はまったく文脈の異なる話ではあるが、小笠原氏はゲストの話から「信じてくれる存在」という言葉を断片的に拾い、自らの経験を滑り込ませているといえる。リスナーが、ラジオから流れてくる語り手と同様の経験を有していなくても、その言葉の断片から思いを巡らせ、想像を広げることで、それぞれが自身の抱える悩みや困

27 藤竹 2009

難の解消に向かう糸口を見つけることもある。

この番組を聴いてほしいなと思う人は、犯罪とかじゃなくて、何かちょっとつまずいちゃった、いま会社に行けないとか、学校行けないっていう人たち。共通してるところがあると思うんですよ（中略）傷ついたときの立ち直り方のヒントを教えてくれる番組でもあるのかな（小笠原氏）

犯罪から立ち直ろうとする人たちの声を取り上げた番組は、当事者だけでなく、それぞれに悩んだり、葛藤したりする人たちの力になるのではないか。所内番組の外部放送を続ける三角山放送局の杉澤氏も同様の手ごたえを口にしている。

（DJの）塚原さんのコメントがこの番組の肝だということになっています。皆さんが勇気づけられたり、逆に、いろいろ叱咤されることで自分を見直したりっていうか。それは中にいる人への直接的な叱咤でもあるんだけれど、われわれが社会で生きてる中でも共通する叱咤でもある。（中略）もちろん、中の人に向けてしゃべってるんですよ。それが、図らずも、一般でラジオを聞いてる人にも響くというふうに僕は思っています。（杉澤氏）

刑務所の内と外をつなぐ意義は、単に刑務所の外にいる人が、内にいる人＝罪を犯してしまった人の背景について理解を深め、配慮を示すということだけでない。罪を犯した人と犯していない人どちらであっても、他者の声に耳を傾け、自分と向き合う過程が、自身の前向きな変容につながる可能性にあるといえる。

5　刑務所ラジオに見るケア

本章では、刑務所ラジオの形態を二つに分類し、刑務所の内部で受刑者のみが聴くことを想定された番組と、外部に向けて一般の人も聴くことができる番組と、それぞれのメディア・コミュニケーションの意義を考察してきた。刑務所の中にいるリスナーにとって、同じように収容生活を送る他の受刑者のメッセージ、また外部の者でありながら受刑者の置かれた境遇に理解を示すＤＪのコメントは、自分と向き合い、立ち直りに必要な内なる対話を深めるきっかけとなる。一方で、これまで犯罪とは無縁に生きてきた者にとっても、自分と異なる環境にいる者の言葉を聴くことが、自分自身を見つめることにつながっていく。ラジオ番組をそれぞれのリスナーが「物語を交わすひろば[*28]」と想定したとき、他者の物語に触れること、自分の物語を編み直すこと、その物語を受け取ってくれる他者がいること、それらが自身の前向きな変容を後押しするという点で、ケアにつながると

28　小川 2015: 54

考える。

一方で、刑務所ラジオの現状からは、塀の中の諸課題も浮かび上がってくる。所内の規律管理のもとで受刑者の表現やコミュニケーションは制限されてきた。また、ラジオが長い間、受刑者教育に活用されてきたにもかかわらず、番組の放送は内部に留まり、外部につながっていくような試みは広がってこなかった。このことは、現在の刑務所が、施設の適正運営と受刑者の円滑な社会復帰のために、施設の透明化、地域とのつながりの創出が求められる時代においても、塀の中のさまざまな慣習が、その実現を阻んでいることに通じているように見える。

刑務所が地域に開かれた存在となることが模索されている今、塀の中で長く親しまれてきたラジオというメディアは、そのあり方、意義を改めて見直されるときがきている。札幌刑務所内の番組を地域に向けて放送する「三角山放送局」社長の杉澤氏は言う。

一般のリスナーから見ると、塀の中の世界は正直いえば、のぞき見したい世界ですよ。興味本位が一つありますが、実際に知らない世界を見るっていう意味で興味があるリスナーも多い。（杉沢氏）

塀に開いた一つの小さな「のぞき穴」。その穴から、刑務所に新たな風が吹き込み、塀の内と外を隔てる壁を取り払うことにつながっていくかもしれない。

＊謝辞　本研究は、放送文化基金（２０２２年度）の助成によるものである。

第5章

ナラティヴ空間としてのホスピタルラジオ

小川明子

1 はじめに

病院というのは憂鬱な空間だ。入院患者になれば、世間でどんなに偉い仕事をしていても、おしゃれな人でも、皆、同じ寝巻を着せられ、同じ時間に消灯され、起こされる。他の患者のいびきや呻き声、医療機器の警報音や、見回りの看護師による検診などで、いったん夜中に目がさめてしまえばなかなか寝付けない。必ず回復するわけでもなく、死が迫ることだってある。見舞う家族も、自分自身が心配や不安から精神的に行き詰まったり、何かと自責の念に駆られたりもする。見通しがきかない状況で、患者は家族を、家族は患者のことを想いすぎるがゆえに、思うようなコミュニケーションがとれず、家族も悲しい気持ちで帰途に着くこともある。

筆者が父を見舞っていた十数年前は、まだ傾聴ボランティアなどのシステムが一般的ではなく、こうしたやりきれない気持ちを慰めてくれるシステムやサービスがないものかとよく考えていた。そしてあるとき、イギリスに「ホスピタルラジオ」なるものがあると聞いて、同じようなことを考える人がいたものだと驚いた。毎晩深夜ラジオを聞いて一〇代を過ごした私は、病院での憂鬱なひとときを慰めてくれる「何か」として、なんとなくラジオをイメージしていたからだ。

本章では、イギリスのホスピタルラジオをはじめ、病や患者といった視点から、ラジオを介したコミュニケーションについて考えてみたい。はじめに日本ではあまり馴染みのないイギリスのホスピタルラジオについて、その概況と意義を簡単に紹介する。そして、日本における二つの「病院ラジオ」の事例を紹介しながら、病や困難を抱えた人びとを、ラジオはいかにケアできるのか、ナラティヴ・アプローチの視点から考えてみたい。

2　イギリスにおけるホスピタルラジオ

2-1　ホスピタルラジオとは何か

ホスピタルラジオとは、主にイギリスで、入院患者を気分的に慰め、回復を助けることを目的に、ボランティアによって運営される院内ラジオを指す。イギリスの主な病院には小さなラジオスタジオが併設されていて、ボランティアたちが患者たちのために音楽やトーク番組を放送している。多くは日本の学校放送とよく似た館内放送の仕組みで、患者はスタジオから放送される音楽番組を枕元のイヤフォンなどで聴くことができる。最近はインターネットで二四時間病院外でも聴けるところが多い。

一〇年ほど前、イギリス出張の合間に、ウェールズでホスピタルラジオを訪問する機会を得たが、まず驚いたことは、病院の中のスタジオがかなり本格的だったことだ。おびただしい数のレコードやCDが並び、日本のコミュニティ放送局ほどのしつらえである。ボランティアでDJをしている中年男性と音響操作を担当する若い男性が番組を生放送しているのに立ち会ったが、DJの喋りは流暢で、私にはプロと変わらないように聞こえた。しかし想定していたような患者とのメッセージのやりとりなどはなく、もっといたわりのメッセージが行き交っているかと予想していた私は少し拍子抜けもした。ただ、こうした立派な施設がほとんどの大病院に設置されているという点に、NHS（国民保健サービス）に代表されるイギリスの医療システムの懐の深さを感じ、また患者たちのためにボランティアが運営している点にも、キリスト教的チャリティとケアの存在を感じた。

2–2 ホスピタルラジオの歴史

イギリスにおけるホスピタルラジオの起源には多様なルーツを認めることがで

きる。新聞検索によれば、イギリスで通信・放送事業が現れ始めた一九二〇年代には、既に、入院患者たちの退屈を紛らわすために病院にラジオを設置しようと、慈善キャンペーンが展開されていた。バーミンガムでは、一九二四年に、地元企業創作の移動可能な車輪付きラジオが病院に寄贈された記事*[1]が、また北アイルランドでは、首相夫人が、アルスターの全ての病院と慈善施設にラジオ受信設備の設置を訴えたという記事もある*[2]。生まれて間もないラジオで患者たちを元気づけようとするキャンペーンが、かなり早いうちから新聞社主導で慈善活動として展開されていたようだ。よく看取りの場面などで、聴覚は最後まで維持されると聞くが、耳だけで情報が得られるラジオは、病院から出られない患者たちが比較的負担なく外の様子を知ることができるメディアとして、早いうちから活用が模索されていたようだ。隔絶された病室で病と闘う患者たちは、空間的障壁を超えるラジオによって、単に情報を得るだけでなく、社会と、誰かとつながっているという共在感覚を得ていたことだろう。

ホスピタルラジオの歴史を辿ったグッドウィン*[3]は、イギリスでの起源として、一九二四年に、病院内のラジオ受信機から病棟に配線し、ヘッドフォンやスピーカーを設置して一般的なラジオ番組を聴けるようにしていたウォルター・リード総合病院を挙げている。さらに翌年には、ヨーク州立病院で、病棟全体に同様の配線システムを構築し、二〇〇のヘッドフォンと七〇のスピーカーから番組

1 "Gift to Hospital," *Birmingham Daily Gazette*, 01 November 1924

2 "Hospital Radio Sets," *Belfast News Letter*, 10 December 1924

3 Goodwin 1995

が聴けるようにしたほか、病院からの放送も可能な設備を伴っていたようだ*4。新たな音声メディアをＤＩＹ的に活用して、閉鎖空間で病気と闘う患者たちを励ましたいという思いは、イギリス各地で、同時多発的に実現化されていったようだ。

さて、現在、イギリスで運営されているホスピタルラジオの開局年次は全て第二次世界大戦後、最も古い開局は一九四八年となっている*5。おそらく大戦と機器の経年劣化などで、戦前の試みはいったん途絶えたのだろう。ちなみにホスピタルラジオ協会のウェブサイトによれば、現在、イギリス全体には一五四のホスピタルラジオ局が存在しているが、開局年度が一九四〇～一九五〇年代で、歴史を掲載している一六局のうち一三局がスタジアムから病院へのスポーツ中継をその起源とし、残りの三局は、レコードやスピーカーを用いた音楽演奏を起源としている。閉鎖空間である病院にエンターテインメントをという意図は、戦前からの流れを引き継ぎつつ、戦後は、スポーツ中継と音楽という娯楽の提供から始まったようだ。

その後、各地でさまざまな内容的・技術的革新が生まれるが、記録はほとんどが技術的な側面、そして活躍したボランティアの逸話に限られていて、患者との関わりはあまり記録に残っていない。このことについては、当時の通信技術やスタジオの問題があるだろうが、ジェンダー的な問題もあるようだ。壁に卵のパッ

4　Goodwin 1995

5　ウェブサイトの記録上最も古いとされるラジオ・ローンデールは、院内放送システムが作られた一九四八年を開局の年としており、その後、一九五〇年代になって患者やスタッフのためのスポーツ中継やリクエスト番組が始まっている。

クを貼り付けてスタジオを消音仕様にすること、当時の技術を放送機材としてアレンジすることなど、ホスピタルラジオは、「男の子のおもちゃ」だったという回顧録の一文*6がある。どうやら女性がリクエストをとりに病室を訪れていたようで、男性中心で記述された記録には、患者との関わりが抜け落ちている可能性がある。また、ホスピタルラジオは、イギリスの放送業界の登竜門とも呼ばれており、「プロのラジオ局で働きたいという願望を持たないボランティアがいたら驚く」という別の回顧録*7もあって、患者を励ましたいというばかりでなく、トークや音楽、放送技術などに関心を持って参加するボランティアが少なくないところもホスピタルラジオの特徴である。

余談だが、一九七〇年代イタリアを発祥とし、言論の自由や多様性を求める若者の関心を集め、ヨーロッパ各地に設立された「自由ラジオ」は、平和運動や環境運動、女性運動へと波及し、文化の自律を軸とした自治権運動(アウトノミア)の起点となり、思想的にも学術的にも高い関心を呼んだ*8。その一方、英国におけるホスピタルラジオは、ボランティアのアマチュア・ラジオ、あるいはラジオ業界への登竜門として注目されるだけで、管見の限り学術的文献は見当たらない。このあたりにも、メディアにおけるケアのコミュニケーションという役割が研究において軽視されていた様子がうかがえる。

6 "Hundred Not Out," *On Air*, 2004.9/10, 100: 6

7 "Why are You Involved in Hospital Radio?," *On Air*, 2004.9/10, 100: 8

8 ガタリ 1988; 粉川編 1983

2-3　ホスピタルラジオの現在

イギリスホスピタルラジオ協会のウェブサイト[*9]を分析すると、最盛期には三五〇局[*10]あまりあったとされる加盟局は、近接局の統合、イギリスにおける病院内Ｗｉ－Ｆｉ整備とスマートフォンの普及などによって、一五四局と減少傾向にある。いずれも三〇〜一〇〇人のボランティアを抱え、主にその会費（日本円で一人数千円程度）、寄付金、補助金などの公的資金、英国に特徴的な国営宝くじの助成金のほか、慈善団体に許可されるくじ、広報誌収入やボランティアによるＰＡ（イベント等の技術アシスト）収入などで多角的に賄われている。病院側は、多くの場合、場所や光熱費提供でサポートしているが、イギリスの国民保健サービス（ＮＨＳ）の支部が直接資金提供をしている局もある。

　それでは、スマホやタブレットが普及した現在、ホスピタルラジオの存在意義はどこにあるのだろうか。イギリスホスピタルラジオ協会が二〇一六年に行った全国調査[*11]（回答率五〇パーセント、ホスピタルラジオのボランティアに対するアンケート調査のほか、関係者八九名へのインタビュー）ほかの結果の抜粋と筆者の視察事例（六局）をもとに現状を概観してみたい。

9　Hospital Broadcasting Association ウェブサイト (Accessed 2022.7.1, https://www.hbauk.com)

10　BBC "Whatever Happened to Hospital Radio?," 2012.9.3, (Accessed 2022.7.17, https://www.bbc.com/news/magazine-19270013)

11　Thomas and Coles 2016 ホスピタルラジオ局二〇九局（当時）へのアンケートと八九名の関係者（四七名のボランティア、活動に参加している二五名の患者と活動に直接参加していない六〇名の患者と家族、一四名のＮＨＳ代表者）に対するインタビュー調査結果。

双方向のエンターテインメント

ホスピタルラジオ側が考える存在意義として、最も多くの局が挙げているのが、患者にエンターテインメントを供給していること（九二パーセント、複数回答）だ。九九パーセントの局でリクエスト番組が編成されており、活動の中心にあることがわかる。さらに七六パーセントの局では、クイズやビンゴなど、患者たちが参加できる双方向型のエンターテインメント番組を編成している。また、ローカルチームのスポーツ中継も人気だ。全国調査では、こうしたホスピタルラジオによる娯楽の提供が、タブレットやスマホで音楽を聴いたり、映像を見たりするのとは「双方向性」において異なっていることを強調している。地上波のラジオで自分のリクエストやメッセージが読まれる確率は低いが、ホスピタルラジオでは一局あたりのリクエストは、週平均五〇通程度[*12]で、ほとんどの場合、自分のリクエスト曲を流してくれる。ちなみにボーンマスのホスピタルラジオでは、放送可能な曲は寄付やCD購入で二万曲[*13]あり、ボランティアたちは、年間一万（一日換算で三〇曲弱）のリクエストを患者や家族から寄せてもらうことを目標に、毎日病床を回って患者たちに話しかけ、リクエストを集めている。

エジンバラの局では、夕食後、ボランティアが許可を得て病室に入り、患者からファーストネームとリクエスト曲、アーティスト、そして何かメッセージがないか尋ね、就寝時刻と、曲をいつ流したらいいかについてメモをとる。

12 Thomas and Coles 2016: 23

13 著作権協会の慈善団体用価格（年間一五万円程度）で全ての曲が放送可能となっている。

リクエストを募るついでに、「夫が好きだった曲」「子どもができた頃に流行っていた」など、曲に関する思い出話などを簡単に聞き取る。基本的に患者に病気のことは聞かないルールだが、患者自ら病気や不安についてボランティアに話しかけてくることも少なくないという。見舞客が少ない患者や、病気を抱えて将来に不安を感じ、誰かと話したいと感じている患者たちに、ホスピタルラジオのボランティアは、リクエスト曲を尋ねることをいわば口実に声をかけ、話を聞き、不安や孤独を和らげようと試みる。親族や友人ではない、まったくの他者としてのボランティアにだからこそ打ち明けられる本音もあるかもしれない。

スタジオに戻ると、レコードやCDを準備し、キューシートを作る。この局では、週日は毎日夜八時から一〇時にリクエスト番組を放送している。患者たちのリクエストは、ドヴォルザークの「新世界」や、フランク・シナトラ、そしてヒップホップまで、実に自由で、この日は一九三五年のヒット曲まで流されていた。高齢者は目まぐるしく変わるメディアの変化に応対しづらいために、新しい音楽はもちろん、懐かしの曲を聴くことすら難しいだろう。患者たちは「きっとこんな古い曲ないよね」と言いながらリクエストするというが、商業ラジオが局のターゲットを設定し、スポンサーが好む音楽しか流せないのに対し、ホスピタルラジオは制限なく、懐メロから最新曲まであらゆるリクエストに対応できるのが特徴だと関係者は口を揃える。流行曲は、リスナーをその曲を聴いていた頃へとタイムスリップさせる。音楽社会学の小泉恭子は、特定の世代だけ共通し、共に生きてきたという「われわれ意識」を高めてくれる曲を「コモン・ミュージック*14」と名づけているが、誰かがリクエストした曲を聴くことで、同世代の患者同士が「見えない連帯」を感じることもあるだろう。

リクエスト曲の合間にはクイズ大会もあり、メールやソーシャルメディア、電話で回答が寄せられ、正解した患者たちにはビスケット一箱がのちほど手渡される。この局が生放送、双方向にこだわる理由を尋ねると、ボランティアは、「それこそがホスピタルラジオの醍醐味だし、何より、素人の自分たちの番組なんてただ流していても聞いてくれないよ。患者自身が参加できるから、リクエストに答えてくれるからこそ、患者たちが耳を傾けてくれるんだ」と答えてくれた。ボランティアの方が、「聞いてもらう」というスタンスなのだ。

金山*15は、ラジオのフィードバック性こそがケア・コミュニケーションの核心に迫る鍵となりうると述べているが、ホスピタルラジオの一番の「ケア」性はまさしくフィードバック性、とりわけ自分の声に応えてくれるという応答性にある。こうしたホスピタルラジオの応答性について、全国調査のインタビュー調査で、他にも興味深い事例を紹介している。プリマスのホスピタルラジオでは、土曜朝の番組を放送できなかった時期に、同時刻のナースコールの数が増え、その事実に気づいた看護師から、改めてその時間に放送してくれないかと依頼されて番組

14 小泉 2013: 5-6

15 金山 2020

を再開したところ、やはりナースコールの数が減って喜ばれたという*16。患者は、退屈すると、痛みなどネガティヴな症状に意識が集中し、ひいては医療関係者の仕事を増やしてしまう可能性が暗示されている。誰かがそこにいて応えてくれるという「応答性」の感覚が、まずは患者に安心感を与えるのかもしれない。精神科医で小説家の帚木蓬生は、人は、誰も見ていないところで苦労することは難しくても、誰かがその苦労を理解し、見ているところなら耐えられるのであり、あなたの苦しみはよくわかっている、奮闘ぶりも知っているというメッセージが伝わると、病人も苦難を乗り越えられると述べている*17。イギリスのホスピタルラジオは、まさしく患者たちだけを対象にしたメディアとして、患者たちに毎日明るく呼びかける。誰かが自分たちの苦しみを知っていると感じられること、そしてその回復のために手間をかけて番組を制作しているとわかることが闘病の支えになるだろう。また人間の声は安心感を与え、一人ではないという寄り添いの感覚を与える。いくらリスナーが患者に限られるとはいえ、ラジオというパブリックな空間で、パーソナリティたちが名前やペンネームを呼びながら自分に向けて語りかけ、リクエストやメッセージに応えてくれるという一対一の応答性は、時に孤独にベッドの上で闘病生活を送る自分の存在を知ってくれている、承認されていると感じることにもつながるのではないか。

16 Thomas and Coles 2016: 18 プリマス・ホスピタルラジオの事例。

17 帚木 2017: 101,116-117

「自分らしさ」の尊重

全国調査で興味深いのは、ホスピタルラジオの存在意義として、患者の「自分らしさの尊重（Feeling like an individual）」が挙げられていることである。病院に入ると、誰もが患者として一律に扱われがちだが、ホスピタルラジオのリクエストは、患者をファーストネームで呼び、メッセージに応答し、リクエスト曲をかける。入院中もひとりの個人として扱われていることが感じられるよう工夫を凝らしているという。

病名や年齢で処遇されるのではなく、名前を呼び、個人として扱われる機会を作り出すことは、小さなことのようだが、病と闘うその患者の存在をしっかりと見つめ、認め、応答することを意味する。こうした姿勢は、二一世紀に入って以降、イギリスの医療業界で関心が高まった「患者中心の医療」や「ナラティヴ・ベイスト・メディスン（NBM）」とも関わりがある。現在、世界の医療教育や看護の現場で最も重視されているのは、検査に基づく科学的データの変化に注目するEBM（エビデンス・ベイスト・メディスン）であるが、一方で、行き過ぎたデータ重視の状況に対して、英米では、患者の語りに耳を傾けるNBMが注目されるようになった。その特徴は、一般化されたデータに基づく診断だけでなく、「患者の課題を個別化された細密な視点で捉えようとするところ*18」だという。例えば、「認知症を患う七五歳女性」という客観的情報によって理解することは、「被害妄

18 宮坂 2021: 71

想があり、徘徊するなどの問題行動がある」といった典型的な理解に陥る可能性があり、こうした表面的理解が支援の方向を歪めかねない[*19]。医師で人類学者のアーサー・クラインマンは、患者が経験している「病」に対し、医師は、単に技術的修理が必要な機械的障がいという「疾患」として病気を扱う傾向があり、医療教育や官僚主義的な現代医療はもっとひとりひとりの患者の声、語りに注目すべきだと述べている。患者個人の生きてきた人生の経験や好みによって、望む治療や未来像も異なるのであり、その語りを聞いて治療を決定していくことが医療に求められるというのだ[*20]。

ホスピタルラジオの存在意義に、「自分らしさの尊重」が挙げられているのも、同様の視点からだろう。患者が自分にふさわしい治療法や生を選択するならば、画一的な患者としておとなしく病院や医療関係者の言いなりになるのではなく、病院の中でも患者たちが自分らしくいられることが、患者中心の医療を進めていく上でも重要な意味を持つのだ。

3 日本における展開

3-1 NHKテレビ『病院ラジオ』

病院とラジオというと、日本では、NHKテレビで放送されている『病院ラジ

19 荒井 2014: 9

20 クラインマン 1996

オ』を思い起こす人も多いだろう。東北出身のお笑いコンビ、サンドウィッチマンが病院内に出張ラジオ局を開設し、「患者や家族の日ごろ言えない気持ちをリクエスト曲とともに聞いていく」「ラジオを通じてさまざまな思いが交錯する、笑いと涙の新感覚ドキュメンタリー」（番組広報）で、二〇二三年八月までに一二回が不定期に放送されている。この番組はベルギーの公共放送によるドキュメンタリー番組『RADIO GAGA』のシンジケートプログラムのようだが、いずれもテレビ番組なのに、個人の話をひたすら聞き、対話することを、「ラジオ」として認識し、番組名に掲げている点が興味深い。

この番組の「ディレクター サトウ」氏は、世界公共放送番組会議で『RADIO GAGA』を見て、一〇代のときに病院で母を失った経験と、その後の自らの闘病生活を思い出し、以下のように考えて番組を立ち上げたという[*21]。

生と死が交錯する病院。さまざまな人たちが、思い思いに過ごしている病院。いろんな世代のたくさんの人が過ごしているけれど、それぞれがどんな思いで過ごしているのかは知らない。誰かに打ち明けたいけれど、誰にも言えない思い。ひとりぼっちの孤独。

もしあのとき、「病院」に出張ラジオ局がきて、思いを話せる機会があったら。好きな曲をかけてもらえたら。ラジオで話す勇気がなくても、誰かの

21 NHK広報局 2023

思いや日々の営み、音楽に触れて、笑ったり泣いたりしながら、時間を過ごせたら。

ひとりぼっちに感じる孤独な気持ちも、少し和らぐかもしれない。もしかすると、この世界には私と同じように孤独を感じている誰かがいるかもしれない。その誰かに「病院ラジオ」を届けたい。

サトウ氏は、病院という空間に患者同士の孤独を吐露しあい、癒す機会がないこと、話すだけでなく、誰かの苦しみを聞くこともまた孤独を癒すのではないかと指摘している。

番組の構成はおおむね以下のようだ。サンドウィッチマンが病院に向かう車の中で、その病院についてのイメージを語る。病院に着くと簡易スタジオを設定し、患者や家族が訪れてその話を聞く。とんでもなく過酷な状況を淡々と語る子どもの様子にサンドウィッチマンとともに思わず笑ったり、語られる困難や情愛あふれる家族との一言に思わず涙したりすることも多い。患者や家族の語りは、一見したただけではわからないような病状や問題が多く、見た目だけで人が抱える困難はわからないことを実感させられる。『病院ラジオ』での患者や家族の語りは、おそらくあらかじめ時間をかけて聞き取られ、構成されていることもあって、その多くが状況への逡巡もありつつ、説明が補われていて視聴者にも理解されやすいほか、最終的にはきわめてポジティヴな告白の形式となっている。

リクエスト曲が流れている間は、リハビリや点滴など病と闘っている患者の様子や、話題になった医療関係者や家族の様子が映し出される。語りから想像できたこともあれば、語りからは想像もつかなかった過酷な状況が映し出されることもあり、テレビでラジオをやることの意義が理解されることもある。そして帰りの車の中では、サンドウィッチマンの二人が、その日出会った人たちや病院のことを振り返る。行きの車の中で語られることがぼんやりとした病気や病院のイメージだとすれば、帰りの車の中で語られることは、行きの車で語られたぼんやりしたステレオタイプと異なり、患者や家族によって語られた個別物語への述懐であって、そこにはひとりひとりの語り手の姿がはっきりと像を結んでいる。

病院に行って、帰るという、この番組の基本的な構成は、「日常から異世界に行って、帰る」という物語の基本構造そのものである。両義的ではあるが、患者や家族の語りが基本的にポジティヴなトーンで締め括られること、そして「病院に行って、帰る」という構造になっていることで、視聴者は、この番組を通して、安心して日常を離れ、新たな気づきや学びを得るとともに、新たな視点から自らの生や日常を振り返る視点を得るのだろう。聞く方もまたケアされるのだ。

イギリスのホスピタルラジオが、基本的には音楽やスポーツ中継といったエンターテインメントで患者を励まそうとするのと異なり、この番組では、患者や家族の、時に絶望に突き落とされるような経験を共有するという、内面にまで踏み込んだ深みのあるコミュニケーションが企図されている。

3-2　藤田医科大学院内ラジオ『フジタイム』

『フジタイム』の誕生

二〇一九年一二月一八日、愛知県豊明市にある藤田医科大学病院で、院内ラジオ「フジタイム」が始まった。院内の職員、学生ボランティアが担当して制作する一時間前後の患者向け音声番組コンテンツである。この番組は、患者に寄り添う医療の先駆けとしてイギリスのホスピタルラジオのような事例が意味を持つと上層部が判断したことから始まった。テーマ曲に合わせて、パーソナリティたちがゆったり時候のあれこれについて語り合うオープニングトーク、最先端の医療情報や病院の取り組みを医療関係者のインタビューで伝える「医療フロンティア」。そしてこれまで病院で開催されてきた院内コンサートを再生する「イベントホール」、そして病院の朗読ボランティアによる「いこいの本棚」といったコーナーで構成され、月に一回の収録、月二回のペースで更新されている。当初は院内Ｗｉ-Ｆｉのみで聴ける番組としてストリーミング配信方式だったが、三年目となった二〇二一年一二月を境に、ＹｏｕＴｕｂｅに「院内ラジオ　フジタイム」のチャンネルが立ち上がり、これまでの全ての番組を、音声のみで、手軽にどこでも聞くことができるようになった。フジタイムは、以下の「藤田医科大学病院ホスピタルラジオ綱領」に基づいて運営されている。

①藤田医科大学病院の患者と家族に寄り添い、個人の価値観を尊重する番組を放送する。
②藤田医科大学病院の患者と家族の心の癒しとなる番組を放送する。
③藤田医科大学病院の患者と家族および医療者の間の相互理解、信頼構築、建設的情報共有を深める番組を放送する。

企画・台本係がスクリプトを準備し、就労後、パーソナリティたちの録音が公共スペースで行われる。仕事終わりにワイワイ言いながら行う収録を、「さながら部活動」と表現するスタッフも多い。少し話はそれるが、多様な職種や職位の職員が交わるこの活動は組織内コミュニケーションとしても一定の意味がある。

当初、ラジオという、いわば医療とはまったく異なる活動を進めるにあたって、スタッフは、「ラジオでどこまで患者に寄り添えばいいのか」と逡巡した。放送は、通常、カメラやマイクに向かって話しかける行為であり、その先にいる視聴者やリスナーが直接見えるわけではない。

特に看護師は当初大変戸惑ったようだ。普段、看護師は目の前の患者の様子を見ながらその状況に合わせて声をかける。先にも述べたように、個々のニーズに応えるのがケアの本質だからだ。しかしラジオでは様子が見えず、全てのリスナーを満足させる話をすることはできない。ボランティアたちは、病気と闘い、身動きのとれない患者たちを一律に、しかし多様に想像し、どのような話題が適切かについて熟慮する必要にかられた。そもそも藤田医科大学病院は、急性期や高度医療を担う病院であり、多くの患者は痛みや慣れない不快感と闘いながら過ごしている。食事の話はタブーか、いや、いずれ元気になった時の楽しみとして目標となるのなら良いのではないか。

こうしたことが議論になるのも、メディア志望者がパーソナリティを務めているのでなく、医療関係者が番組を担当しているからだろう。ラジオでケアを試みるということは個人それぞれのニーズに応えることを目指す看護のケアとは異なることに気づかされる。イギリスでリクエスト番組が中心になっているのも、ラジオなりに個々のニーズに応えることができるからなのかもしれない。

患者からのメッセージ――不可解な経験の納得

この番組では、患者からのメッセージを募集している。数は決して多くないが、番組が定着し、メッセージ欄が大きくなったこともあって、徐々に長いメッセージが届くようになった。リスナーからのメッセージのうち、三分の一程度が病院スタッフなどへの「感謝」を、そして三分の二程度が、「報告・告白」を含んでいることに注目したい。特徴的なのは、患者たちがメッセージの中に、自分がなぜ入院することになったのか、どのように過ごしたのか、そしてどうなりたいのかという過去・現在・未来をしたためていることだ。

例えば、入院中に多様なボランティアの作品に触れた経験を述べ、感謝を記したのち、自分も「病気が完治して健康になったら、病院ボランティアに参加したい」というメッセージ。病院スタッフに励まされたことに触れ、自分も「退院後は治療を頑張りながら、誰かの役に立てる仕事につきたい」という宣言など、ただの退院報告でなく、入院中に受けた他者からの恩義への感謝とともに、ネガティヴに意味づけられがちな入院経験を自分の人生にプラスに意味づけ、未来へとつなげようとした痕跡が多くのメッセージに見られる。

質的心理学者のやまだようこは、事象を「むすび」つけたときに意味が生成するのであり、関係のないように見える事象や出来事でも「むすび」つけることで、ライフ（人生・いのち・生活）を変化させ、人生観や世界の見方を変革すると指摘する[*22]。

そして、その構造には一定の型がある。病が見つかり、当たり前の生活ができなくなるという「欠如」、信頼に足る病院関係者や誰かの一言、ボランティアやその作品などとの「出会い」を経て、自分もこの大変な経験を糧《かて》に、人の役に立ち

22 やまだ編 2008: 24-27

たいというような「転回（見方の転換）」、そして決意を含んだ、人生の物語の「再構成」という構造である。先に述べたイギリスのホスピタルラジオに寄せられたメッセージカードや、NHKの『病院ラジオ』の告白も、このような構造のもとで語られていることが多いように思われる。

患者たちはメッセージをしたためる際に、おそらく無意識のうちにこうした作業を行っている。逆に言えば、聞き届けてくれる「誰か」に向けてメッセージを書きながら、「再構成」に至る物語が完成することで、病からの再生、あるいは闘病に向けての一歩を踏み出すのだといえるかもしれない。しかし、こうした、いわば達観した語りに至るまでには、逡巡があったことも容易に推測できる。

患者たちのメッセージからは、信じて疑わなかった日常や理想が病によって変化することをなんとか受け入れ、辛い闘病の意味をなんとか紡ぎだそうとしている患者の様子が浮かび上がる。入院によって穏やかな日常生活を失うという「欠如」から、「ペットに会いたい」「女房の作ってくれるご飯を食べたい」から「気力で頑張る」と事象をむすびつけ、メッセージにしたためることで、揺れ動く自分の気持ちを、未来に向けて奮い立たせた「再構成」となっている。しかしなかには、考え方や状況を変えるような「出会い」や見方の「転換」が記されていないため、どこか安定していない印象を受けるメッセージも少なくない。逆に言えば、自らの再生、退院後の生活などが筋として描けず、物語としての宙吊り状態に置かれることが精神的な苦しさとなっているとも考えられる。

もう一点、メッセージから見えてきたこととして、闘病をめぐる家族との関係の難しさがある。病気は一進一退を繰り返し、悪化することもある。死を意識することもあるかもしれない。病状が改善しなければ、家族は本人以上に落ち込んだり悩んだりもするだろう。患者は家族をがっかりさせないよう、辛さや弱さ、挫けそうな気持ちを、家族や身近な他者にこそ、正直に吐き出せないということもありそうだ。

患者同士のコミュニケーション

そうしたときにわかってくれるのは、同じ経験をしている患者たちだ。院内ラジオは、そうした行き場のない気持ちや困惑、弱音を、パーソナリティや同じような経験をしている他の患者に聞いてもらうメディアとして機能しうる。フジタイムに寄せられているメッセージのいくらかには、自分たちのためにコンテンツを作ってくれているという、応答性への評価とともに、入院中の行き先のない気持ちの宛先としてこのメディアがあることを評価した箇所が見られた。そして同程度に、入院中、あるいは退院後の不自由を伴う生活において、患者には、誰かに、そして誰かと話したいという欲求があること、そしてそれがコロナ禍等でできないことが苦しかったという投稿もあった。苦しんでいるのが自分だけではないと感じること、同じような経験をしている患者からの声やメッセージを聞くことで安心する様子がメッセージから読み取れる。

メッセージシートに他の患者へのメッセージを書く欄を設けてからは、病院内で見晴らしの良い景色が見られるスポットの紹介や、自分の経験を伝えながら他の患者たちを励ます声なども多く寄せられ、ラジオ番組を通した患者同士の支え合いや、見えない連帯を感じさせるメッセージも少なくない。自分の苦しい経験が誰かの役に立つかもしれないという利他性がラジオへのメッセージを生み出し、それが読まれたという満足感が自らの病の経験をポジティブに意味付けることになる。今後は退院した患者会のメンバーなどにも関わってもらうことが検討されている。

月に二回更新の『フジタイム』は、まだイギリスのホスピタルラジオのような応答性を十分に有してはいない。しかし、患者のメッセージからは、家族にも伝えられない、行き場のない想いを投げかけ、聞いてもらいたいという期待、そして同じような状況にいる患者たちを理解し、誰かを励まし、励まされるメディアとしての希望があることが見えてくる。

4　病とラジオ――再生のためのナラティヴ空間

以上、駆け足でホスピタルラジオと日本の病院ラジオを振り返った。詳細は小川[*23]を参照していただくとして、病が回復するか悪化するかわからない状態は、患者にとっても、家族や知人にとっても、どうにも答えの出ない、どうにも対処しようのない事態に耐える能力、ネガティヴ・ケイパビリティ[*24]を求められる。病という経験は、その痛みや苦しみ、あるいは生命の危機を感じるだけでなく、多かれ少なかれ、それまで信じていたこと、当たり前だったことが変更を迫られたり、それによって自分が生きる意味や親しい人びととの関係性を見直さなければならなくなったりすることを意味する。

患者たちは、病院という空間で、そうした生の意味の宙吊りに晒されがちである。順調な人生を送った人ほど、自分が信じてきた価値観や手法を変更することが難しく、この宙吊り状態も長く感じられるのではないだろうか。

メディア社会学の加藤晴明は、メディア・コミュニケーションの機能として、情報伝達を目的とする「道具的機能」、延々とつづく電話でのおしゃべりのように、誰かとのつながりを楽しむ「遊戯的コミュニケーション」という機能のほかに、「救済」機能の存在を指摘している。「救済」というと大袈裟に聞こえるが、誰か

23　小川 2024
24　帚木 2017: 3

が自分の発話を聞き届け、応答してくれることは、自分の存在が認められていると感じることであり、自己の再生のためには、何らかのメディアを介して、自己を「受け容れ、寄り添い、限りなく支えてくれる『承認』する他者[*25]」が必要とされていると論じる。

患者たちの苦しみをひととき忘れさせるだけなら、病院にラジオなどいらないだろう。時間を忘れさせてくれる連続ドラマや手術跡が痛むほど笑わせてくれるお笑い番組が、病床でも手軽に見られる時代になった。それではなぜ、それでもラジオを求める人がいて、ラジオで患者に語りかけようとする人たちがいるのだろうか。本節では、ナラティヴの視点から意味づけてみたい。

25 加藤 2022: 187

臨床と物語

二〇世紀後半以降、医療や心理、ソーシャルワークの領域を皮切りに、ナラティヴに対して注目が集まった。本章では、筋書きが固定されたストーリーを「物語」、どのように展開するかがわからないまま事象などが語られている状態を「ものがたり」と表記し、その二つを含む用語として「ナラティヴ」という用語を用いることとする。

ナラティヴをめぐる考察と実践は、私たちの社会や自己の成り立ちや枠組の前提を書き換えるような迫力で理論的にも影響を与え続けてきた。「ナラティヴ・

ターン」と呼ばれる人文社会学系の学術的転回を牽引したのは、精神療法の一つ、「ナラティヴ・セラピー[*26]」の実践であった。ナラティヴ・セラピーでは、クライアントや周囲が「問題」であると感じている事象を、対話によって物語的に書き換え、解消しようと試みる。実際に問題を解消していくには、一期一会的な偶然性やスキルを必要とするのだが、ポイントは、やまだ[*27]が示すように、本来関係があるかどうかわからない事象を結びつけることで意味を生み出していく作業によって、自己を支える自己物語も、「問題」も生み出される側面があるということであり、ゆえに、その物語は任意に組み替え可能だということだ。

例を挙げれば、弁護士や刑務官などの話によれば、殺人事件などは、多様な動機や偶然が運悪く折り重なって起こるのであり、調書に書かれるように単純な因果で説明できるものではないという。しかし読者や視聴者は、不可解な事件について、納得できる、わかりやすい「物語」を求める。犯人や被害者の生い立ちや出会いの物語、そして殺人に至った物語など、私たちは、自己のありようにしても不可解な事件にしても、「物語」として因果が理解できたときにようやく納得できる。しかし、その因果は、多様にある要素から選び取られ、並び替えられた一例に過ぎない。逆に言えば、組み替えさえすれば、他の因果関係に基づく物語もありうるのだ。

二〇〇〇年代以降、社会学では、「自己」ですら物語によって生み出されると、

26 ホワイト&エプストン 1992; ホワイト 2009

27 やまだ編 2008

「自己物語論」に注目が集まった。浅野智彦は、人生におけるさまざまな「エピソードの選択と配列」を通じて、自分自身について語ることによって「私」が産み出されていくと論じた[*28]。また、野口裕二は、「物語」が混沌とした世界に意味の一貫性を与えてくれるのであり、現実が理解できないときは適当な物語が見つからない状態であると述べている。そして、とりわけ医療や福祉といった臨床の場は物語が展開する場として、ナラティヴに目を向ける重要性を指摘している[*29]。事象そのものを変えることはできなくとも、その解釈は変えることができる。その一つの方法として物語化、あるいは物語の書き直しという作業がある。

28 浅野 2001: 6

29 野口 2002: 23

メッセージを書く

野口が指摘するように、入院患者たちは、なぜ自分が病気になったのか、この先の人生がどうなるのかと、専門家である医者にすらわからない、答えの見出せない独自の問いを抱きながら入院生活を送りがちだ。先にも述べたように、病は、それまで信じていたこと、当たり前だったことに変更を迫り、自分が生きる意味や親しい人びととの関係性を見直すように迫る。

『フジタイム』に寄せられたメッセージからは、さしあたりパーソナリティや、同じ病院で番組に耳を傾けるリスナーに聞かれることを期待し、誰に向けて発したらいいのかわからない悩みや想いを整理し、記述していくことで、その経験を自分の人生に新たに意味づけ、納得しようとする様子が見てとれた。そうした気持ちを感謝とともにパーソナリティや他の患者へのメッセージにしたためることで整理し、「この経験をもとに、退院したらボランティアをしたい」「ペットに会うために頑張る」など、任意の事象を選び取り、つなぎ合わせ、未来に向けての新たな決意として表現することで闘病の経験を意味づけ、納得しようとしていたように見える。ラジオへのメッセージをしたためるということは、患者たちの場合、病の経験や思いを整理し、自らを納得させることでもある。

しかし、新しい生き方、自己物語に必要となる「出会い」や「転換」のモーメントは、一人で考えるだけではなかなか辿りつけず、自分の理想や生活様式、人間関係などを見直すことは難しい。そうした「出会い」をもたらすのもまた、ラジオなのではないだろうか。

5　おわりに

再生のナラティヴ空間

かつてマスメディア論の藤竹暁は、若者たちの熱狂的空間であった昭和の深夜放送などと異なり、昨今のラジオは、「納得のいく人生の断片を語り手の音と声から拾い、胸の中で温め、展開すること」で、「自分を癒したり、励ましたりするイメージを描く[*30]」メディアになっていると論じた。この一節をナラティヴ・アプローチに照らして考えてみると、悩みを抱えた人びとが、ラジオのトークやメッセージの中に、自分と同じ苦しみや喜びを読み取るとともに、自分が進むべき道や自己像を新たに書き換え、再生の物語を立ち上げていく上で役立つ要素（エピソードの選択や配列事例、解釈や考え方の転換、転回のアイディアなど）を見つけ出し、再生に向けた新たな自己物語を創り上げるヒントを得る場になると考えることはできないだろうか。

新たな支えとなる自己物語が宙吊り状態であり続けることは苦しい。また、『フジタイム』のメッセージにも見られたように、自分の悩みや今後について、家族や親しい人びとに語ることは、その期待と相反することもあり、思いのほか難しく、またよく似た考え方をするために、生き方を修正してくれるようなアドバイスが得られづらいこともある。

そうした際に参考になるのは、自分とはまったく異なる経験や考え方を有する他者や、同じ病気を患った闘病仲間たちの再生のナラティヴではないか。

ホスピタルラジオは、こうした再生のためのナラティヴ空間として、多様な他者の経験や再生の物語、逡巡のメッセージを公開し、アーカイブすることができる。人は誰でも艱難辛苦を経験し、自分なりの仕方で乗り越えていく。語り手の見た目や雰囲気に左右されづらいラジオは、そうした他者の経験について、自分

30 藤竹 2009: 71

の経験やメディアでの情報を駆使し、想像しながら、謙虚に耳を傾けることができるメディアだといえる。そして患者たちはその声に影響を受けて自らの再生の物語を構築し、そして出来上がった再生の物語の承認を求めてメッセージを投稿する。そうして公開された再生のメッセージはまた、誰かの再生の物語の参考になっていくはずだ。

ケアの倫理の本質は、自立した個人という見方よりも、人間を依存的な存在として認識し、そのつながりを重視するところにある。ホスピタルラジオを介したメッセージのやりとりは、まさしく人間の弱さを認めあい、第三者が互いにケアしあうコミュニケーション空間を作り出す。ここまで見てきたように、リスナー同士はもちろん、エジンバラのホスピタルラジオで、パーソナリティが「双方向性があるからこそ素人の番組をリスナーが聞いてくれる」と述べていたように、パーソナリティとリスナーの間にもケアの関係は当てはまる。闘病をめぐる多様なエピソードや解釈が行き交うホスピタルラジオは、いつもそこにいて応答してくれるナースコールとしての役割だけでなく、互いがケアし、ケアされる、再生のためのナラティヴ空間となりうる。

「ケア」が外部化、制度化され、医療や心理、介護のプロに任せられることのみを追求しがちな現代社会においては、痛みや苦しみを通して他者とつながる機会を奪っているともいえる。互いにケアしあうという点は、孤独やケアの問題を考える上で改めて意味を持つのではないだろうか。

　専門的でなくとも、一人で考えていると負のスパイラルに陥りがちな悩みや愚痴を、同じような経験をしたことのある誰かに聞いてもらう、あるいは他の人の経験談を聞いて自分だけでないと感じ、新たな状況の捉え方を知ることで落ち着くということもあるだろう。ホスピタルラジオに限らず、メディアを介した第三者とのコミュニケーションが、孤独や困難の解消に果たせる役割は小さくない。

第6章 ラジオのつながりが拓く多文化共生

吉富志津代

1 はじめに

「多文化共生」という言葉は、一九九五年に阪神・淡路大震災を契機として広がった。同時に、都市部を中心に起きたこの震災では、どんなに発展した社会であっても人のつながりの濃淡が生死を左右することに気づかされた。つまり発災直後は、遠くに住んでいる親族や政府・行政の存在よりも、隣人同士が助け合わなければならないことを実感した。この住民自治の意識から、あらためて、被災者となった住民たちが多様であることに目が向けられるようになったのである。多様であるがゆえに、周縁に置かれてしまうマイノリティの視点こそが、マジョリティでは感じない社会の不具合に、より気づかせてくれるということも合わせて実感させられ、マイノリティの発信の重要性が指摘された。

また、科学技術の驚異的な発達によるグローバル化という現象が加速度的に進行している現代社会を的確に把握することが求められており、多様な情報を多様なメディアによって伝える必要性も増大している。多様な住民との共生社会として、社会そのものの成熟をめざし、政策と人々の意識の両輪を少しずつ変えていく必要性が明らかになっている。

一九九五年の阪神・淡路大震災時には、多様な地域住民の中でも、日本語を母語としない住民への情報提供を目的に、一月に「FMヨボセヨ」（韓国・朝鮮語と日本語）、四月に「FMユーメン」（ベトナム語、タガログ語、英語、スペイン語、日本語）をミニFM局として市民が立ち上げ、その二局が七月に合併して、震災から一年後の一九九六年一月一七日からコミュニティラジオ局「FMわぃわぃ」（現・NPO法人エフエムわいわい／以下、FMわぃわぃ）となり、二〇一六年三月三一日まで、中国語、ポルトガル語、アイヌ語などを追加した一〇言語による多言語のコミュニティラジオ局として放送を続けた。二〇一六年度からはインターネット放送局となり、現在もスペイン語やベトナム語、タガログ語などの外国語を含むさまざまな番組を提供し、市民が誰でも発信できるツールとして活動を継続している。

その大震災から約三〇年が経ち、その間に起きた新潟中越地震、新潟中越沖地震、そして東日本大震災などの災害時を契機に日本における情報の多言語化は進んだ。二〇二〇年から猛威をふるった新型コロナウィルスの情報は、厚生労働省も一六言語に翻訳するなど、社会の情報の多言語化は、ずいぶん進んでいるように思う。

　しかし、情報の多言語化だけでは、まだまだ情報提供において課題がある。多言語情報はひとつのツールであって、それをどのように必要な住民に届け、またその住民の力を社会にどのように生かしていくのかという双方向のコミュニケーションの促進を伴ってこそ、多様性を認め、それによっていかに社会に可能性がもたらされるのかにつながるのである。

　本章では、その事例として、大震災の救援活動から生まれ複数の団体の活動拠点となっている「たかとりコミュニティセンター*[1]」（以下、ＴＣＣ）が、そこで生まれたＦＭわぃわぃを、どのようにメディアとして活用してきたのかという状況を紹介し、中でもそのメディアを活用して、スペイン語による発信を続けてきた「一般社団法人ひょうごラテンコミュニティ*[2]」（以下、ＨＬＣ）の変遷を具体的に紹介することで、今後の多文化共生をめざすメディアの役割と方向性を考えていきたい。そして、マスメディアやソーシャルメディアによる偏った情報に惑わされることなく、すべての住民が誰も排除されることのない社会を考える機会の創出になればと願う。

1 「NPO法人たかとりコミュニティセンター」ウェブサイト（二〇二三年七月二日閲覧、https://tcc117.jp/）
2 「一般社団法人ひょうごラテンコミュニティ」（代表理事：大城ロクサナ、吉富志津代）のウェブサイト（二〇二三年八月二〇日閲覧、https://www.hlc-jp.com/）

2　震災の救援基地に生まれた市民メディア

ＦＭわぃわぃが、一九九五年の阪神・淡路大震災時に、日本語と外国語で情報を伝えたミニＦＭ局が母体となり、一九九六年にコミュニティ放送局としての正式認可を取得し、ＴＣＣ（当時は鷹取教会救援基地）の敷地内に設置されたことは前述通りである。救援基地があった神戸市長田区は、もともと在日コリアンが多く住み、ケミカルシューズの靴工場が立ち並ぶ地域で、そこに難民として日本にやってきたベトナム出身の人たちも多く暮らしている。鷹取教会には、在日コリアンやベトナム出身の信者も多かった。当時ここが救援基地となり、ボランティアを受け入れるためのコーディネートも始まり、そのための宿舎をボランティア自身が建て始めていた。ＦＭわぃわぃのスタジオも、ボランティアたちの手作りのプレハブで、開局し放送をした。

ボランティアたちの手づくりのスタジオ（1996年当時）

コミュニティ放送局とは、コミュニティを放送単位とする日本の放送局形態のひとつで、市区町村または政令指定都市の行政区内の一部の地域を放送対象地域とする放送である。従来のＦＭの広域放送や圏域放送より放送対象地域が狭く、小規模のイベントや場内放送などで用いられるミニＦＭより広い範囲で活用される放送制度で、その放送単位のサイズから、「地域密着」「市民参加」「防災および災害時の放送」がコミュニティ放送の特徴と言われる。

一九九五年の開設当時から、マスメディアでは得られない地域の身近な情報を発信するために、地域住民自身が放送に参加していた。復興過程で必要な手続きなどの行政情報に加えて、炊き出しの日時、救援物資の情報、ボランティアの活動情報など、被災者のために大切な情報を日本語や多言語で、その言葉を母語とする市民自身が放送を続けていた。外国語による放送番組では、震災関連情報に加えて日本の文化や習慣を伝えると同時に、それぞれの母国の音楽とともに母国の文化や習慣を紹介し、同胞たちや関係のある人たちをゲストにトークもした。時には外国の言葉で漫才を放送したり民謡を流したりもした。たとえば公園の暗いテントでの避難生活をするベトナム人被災者にとって、それは情報が得られるだけのものではなく不安を払拭し癒しともなった。

この救援基地で始まった震災救援のためのさまざまな活動は、時間の経過とともに、日常的なまちづくり活動へと移行していき、必要に応じて団体がアメーバのように形を変えて現在も一〇団体がここを拠点として活動を継続している。それらの団体が、震災で気づかされた多様な住民との住民自治の大切さを次世代に語り継ぎ、多文化共生のまちづくり活動のプロセスに地域住民や関係者を巻き込んでいった。その発信方法のひとつとしてＦＭわぃわぃを活用してもらうことがＦＭわぃわぃの使命であり、その達成のためのきっかけづくりに取り組んできた。そしてＦＭわぃわぃの放送の現場に新たな交流を生み出していく。

災害は、起こらない方がよいことは言うまでもないが、災害で気づかされたことを語り継ぐことで、災害が起きなくても多様性を重視した民主的なまちづくりのプロセスに近づいていく。そもそも防災活動には、防災能力を向上させるべき防災の主体が、以下のように分類されている。

・「公助」：国や地方自治体等の行政による支援
・「共助」：地縁組織、血縁組織、宗教組織、ＮＰＯ／ＮＧＯなど市民による組織のような「公」と「私」の中間にあるような組織間の助け合い
・「自助」：家族や個人単位が自分で身を守ること
・「外助」：海外からの支援など

このうち、共助については、「コミュニティ防災」と言われ、コミュニティ防

災とは、「近隣地域社会の共助を中心にコミュニティの災害対応能力の向上を目指した防災アプローチ」と定義されている。災害は、危険と脆弱性をかけ合わせた数値で表すことができる。たとえば、台風や地震などの危険が一〇とすると、そこに一〇の弱いところがあれば、災害は一〇×一〇＝一〇〇となるが、弱いところが一になれば、一〇×一＝一〇となって被害は一〇分の一になるわけである。災害は、弱いところの数値を低くすることで少なくできるのである。

　そのために各団体では、日常的に相談窓口を設け、情報提供、フェアトレード、子どもたちの活動、介護事業、翻訳・通訳事業、ＩＴサポートなどの活動を実施し、そこに存在する自分たちのメディアを必要な時に使い、そこにまた関心のある人が集うのである。

　多様性を生かして、災害に強いコミュニティづくりをめざすＴＣＣの多岐にわたる活動の中

たかとりコミュニティセンターの拠点再建築後のイベント（2007年）

から、本章では、スペイン語圏出身の住民の活動を続けているHLCが、このメディアを活用して、経験を語り継ぎ、それがどのように展開しているのかを具体的な事例として紹介することで、私たちがコミュニティメディアを活用して、どういう社会をめざすのかを考えていきたい。

3　ひょうごラテンコミュニティ（HLC）の設立経緯と活動

一九九〇年の入国管理法一部変更に伴って、労働力が必要であった日本社会と、仕事を必要としていた日系南米人の双方のニーズが合致し、多くの日系人とその家族が日本に働きに来た。日系人という「血統」を理由に「働く」という目的で来日した人たちへの十分な受け入れ体制が地域社会にないままでは、日常的な生活で困ったことを自助努力のみで解決するほかなかった。そのような状況で阪神・淡路大震災は起き、多くの南米出身者たちも被災者となっていた。

FMわぃわぃと同様、TCCに拠点を置く「ワールドキッズコミュニティ」（以下、キッズ）は、外国ルーツの子どもたちの教育サポートとその保護者のコミュニティ自立支援活動をしていた。そこに相談者として通ってきていたペルー人のRは、待ち時間に、事務所にスペイン語でかかってくる相談の電話に対応をするうち、自分の日本での経験をスペイン語で伝えることが、スペイン語圏出身の住民たちの課題解決を助けることに気づき、キッズの活動スタッフとして働くことになった。

その具体的な担当業務は、①スペイン語による相談窓口対応、②スペイン語圏の国をルーツとする子どもたちのための母語教室開設や学習支援、③情報提供活動として、スペイン語情報月刊誌の発行や、スペイン語によるラジオ番組放送、④地域の交流のための南米の独立記念やクリスマスのイベントの開催などに広がっていった。

もともとキッズでは、TCC内の団体と連携して、外国ルーツの子どもたち自身の表現・発信活動として、ラジオ番組づくりや、映像作品の制作などに取り組んでいた。外国ルーツの子どもたちは、日本の学校ではどうしてもハンディを持たされて萎縮しがちな状況にあり、そこから脱却し、自分が自分であることに自信を取り戻す機会を提供していた。その活動には、ベトナム、ブラジル、韓国出身の子どもたちが参加しており、多くの大学生など若者たちもボランティアとしてサポートしていた。またキッズには、ブラジル出身のスタッフも一緒に活動しており、ポルトガル語によるラジオ番組放送や、情報提供、イベントなどの担当をしてブラジル出身者たちのコミュニティ活動をしていた。

電波とインターネットによる放送を行っていたFMわぃわぃでは、スペイン語のラジオ番組も、地域の身近なニュースのみならず、日本全体や南米各地のトピックス、そして日本や南米の文化・習慣についても、ラテンの音楽とともに伝えていた。また、スペイン語だけではなく日本語話者にもわかるように、なるべく日本語でも説明をすることにより、番組そのものが交流の場になっていた。さらに、日常的な活動で相談されている、日本で外国人として暮らしているスペイン語圏出身の住民たちの困りごとについて、テーマを決め専門家をゲストに招いて解説するなど、一方通行の情報提供ではない番組構成で、多くのリスナーを獲得していった。

たとえば、日本での子育てにおいて子どもの教育は、日本語を母語としない保護者にとっては戸惑いも誤解も多い。南米にルーツを持つ子どもたちは、同調性を求められる日本の学校で、日本の子どもたちと同じようにすることが正しいと感じさせられ、自分たちのアイデンティティを否定してしまう。母語や母文化への関心が薄れ、言語形成においても難しい環境がある。そのような相談は多く、このテーマを番組で取り上げることも多い。番組は、保護者がそのような現状と問題意識を共有し、専門家たちの意見をスペイン語で聴ける貴重な機会となる。また、日本の在留資格に関する直接的な情報以外にも、社会保障制度にアプローチするための情報や周辺地域の観光情報など、入手が難しい情報についても、わかりやすく伝えるようにしている。他にも、地域の交流イベントの出演者をスタジオに招いてイベント紹介をしたり、ＪＩＣＡ研修で来日したスペイン語圏諸国

JICA研修でTCCを訪れた南米出身の研修生たちがゲスト出演したスペイン語番組放送の様子（2001年）

のゲストを招いたトーク番組なども放送したりした。

それから五年が経って、ブラジル出身のスタッフが代表者のブラジル人コミュニティが団体としてキッズから独立していった。そしてRがスタッフになってから一〇年が経過し、二〇一一年度より、自分たちの団体としてキッズから同じ敷地内で独立、Rはその代表者となり、ひょうごラテンコミュニティが誕生する。その独立運営を目前にした三月一一日に、東日本大震災が起きたことで、独立後の最初の活動は、FMわぃわぃやFACIL[*3]などTCCの団体と連携して、被災地のスペイン語圏出身の住民への支援活動となった。阪神・淡路大震災の被災経験があるRは、自分のラジオ番組でも被災地とつなぐなど、同胞たちのために積極的な情報提供および情報共有を行なった。福島での原発事故に関する問い合わせは特に多く、不安からデマが流されないよう、医療関係者などとも電話でつないで、できるだけ不安を払拭し混乱を防ぐように、さまざまな正しい情報をラジオと情報誌とウェブサイトで提供した。その当時のRのコメントをここに記載しておきたい。

今、起こっていることを正しく伝えたい。また、事実だけでなく、「だから、何をしなければいけないのか」を伝えなければ、と思っています。私も、神戸で一六年前に阪神・淡路大震災を経験しました。復興にはみんなの支援

3 ワールドキッズコミュニティ（代表：吉富志津代）は、一九九九年度から二〇二一年度まで、外国ルーツの子どもの教育サポートや子どもたち自身の発信活動などを、その保護者との連携で続け、二〇二二年度より、代表者を同じくする団体「NPO法人多言語センターFACIL」（FACIL）内のプロジェクトとなった。

が必要であると実感しています。復興したまちで暮らす一人として、一人でも多くの人がより良い暮らしができるようにこれからも支えていきたいと思います。

石巻市の女川町で被災したペルー人女性は、家族で小学校に避難していたが、日本人の夫も息子もスペイン語が理解できなくて心細い思いをしていた。Rのラジオ番組の生放送で毎週、電話出演をするようになって、涙ながらにスペイン語で被災体験を語ると同時に、避難所での様子と必要な物資などについても知らせると、それを聴いていた被災地外に住むペルー人たちが、救援物資をその避難所まで届けた。彼女が母語で被災体験を語ることで、それが癒しとなりトラウマやストレスから解放されたことは間違いないが、さらに、自分が発信することで、その避難所のプラスになるという経験をし、マイノリティとしての心細さを超えて自分の立場を肯定できたと言える。

このような活動の経験からRも、スペイン語圏出身の住民たちへの防災教育の必要性を実感し、自分たちの活動プログラムに加えていく。日本語で作成された防災ガイドブックをスペイン語に翻訳するのでは、文化も習慣も違うスペイン語圏出身の住民たちにはなかなか理解が難しいと考え、自分たちの視点で協議をしながらメンバーが一からスペイン語によるガイドブックを作成した。さらに、スペイン語圏出身の子どもたちのためのクリスマスイベントでも、ラテンの音楽プログラムの合間に、地元の大学生たちの協力で子どもたち向けの防災テーマの紙芝居をしたり、地域の消防署の協力で避難についての大切なポイントを実演してもらったりするなど、関心のない保護者たちにも楽しく伝えられるよう、くふうをこらした防災教育活動を続けている。ＨＬＣの活動は、まさしく前述のコミュニティ防災の分野で、先駆的なものとなった。

つまり、このようなＨＬＣの日常的なさまざまな活動が、災害弱者を弱者のままにせず、放送という手段や印刷物、またウェブサイトなど多岐にわたるツールを活用して情報を発信、共有してきたことにより、地域で助け合えるメンバーとした。それは、外国出身の住民自身の自助努力だけに任せるのではなく、コミュニティメディアや日本の市民団体との連携によって実現されてきた。

災害時のメディアの役割は、発災時の避難情報のみならずその後の復興過程において重要であることは自明であるが、その災害が起こるまでの地域社会でのつながりがどれだけできているのかが肝心である。もちろん災害は起きない方がいいが、起きなくても災害を想定して弱いところを弱いままにしないことが、誰にも「居場所」と「出番」のある成熟した社会を形成することになる。それにはコミュニティメディアの存在が大いに有意義である。

4　ＨＬＣの防災教育活動の広がり

このような活動の内容を、自分たちのメディアを活用して地元と世界に発信し続けてきたことで、スペイン語番組のインターネット放送を視聴した、Ｒの母国ペルーのカヤオという地域のリーダーから、メールで防災教育への協力依頼が届いたのは二〇一九年だった。インターネット放送を通じてＲの日本での経験や日本の防災教育の有効性を実感し、危機感を持って地域で活動を続けてきたリーダーからの依頼だった。それに応えるべく、ＲとＦＭわぃわぃのメンバーたちで手段を模索した結果、ＪＩＣＡの草の根事業の申請をすることになった。プロジェクトマネジャーは、これまでインドネシアでも一〇年にわたってコミュニティ防災活動を実施したＨが中心となって、Ｈの所属するＦＭわぃわぃを申請団体とし、ＨＬＣとの協力で、カヤオ住民とのオンラインミーティングを重ねて申請書を書きあげた。

申請内容は、現地の現状調査はもちろんのこと、調査と並行して、その地域の学校や役所と連携をし、日本からのさまざまな分野の専門家の協力を得て、テーマを「在日日系人が培った知識と経験を生かしたコミュニティ防災力強化事業」とした。申請事業は無事に採択され、二〇二三年一月より五年間の事業実施がすでに開始されている。二〇二四年二月現在、日本の防災教育などの専門家がペルーのカヤオを訪れ、現地の日系社会とも連携して、日本の防災教育を広げ、コミュニティ防災の開発協力は順調に進んでいる。

また、ここで特筆しておきたいのは、Rの長男Gが、このプロジェクトの現地スタッフとしてペルーに滞在し、母語であるスペイン語と、日本で受けた教育で習得している日本語を活用していることである。親に連れてこられて日本で育ったGは、ともすれば自分への自尊感情を失いがちな日本の教育環境の中で、母親たちのさまざまな発信活動を身近に経験してきたことで、自分のアイデンティティに自信を持つこともでき、母語形成への努力も続けることができた。日本社会では、なかなかそれを活用する機会に出会わなかったところ、三〇歳近くになって、現在のような仕事に出会えたことで、同じ境遇で育つ若者たちのロールモデルとなってくれることを期待している。彼の身近にコミュニティメディアがあり、そのメディアを日常的な活動の中の道具として活用できることを学んできたことが大切な経験となった。特にマイノリティとして暮らす住民にとって、届けにくい声を届けるための機会を見てきた。それを今度は彼の母国で伝えるという仕事に就いたのである。

そして、代表のRは、これまでの活動を振り返って以下のように述べている。

ここでの活動は、私自身の日本での生活とともに試行錯誤をしながら展開してきており、団体の独立後の私の人生そのものとなっていきました。私自身もこういう活動から多くのことを学び、日本の滞在も三二年になり、ペルーで暮らした時間よりも長くなって、その経験がまた、自分や自分の家族と母国とのつながりになるということは、とても感慨深いです。

TCCの団体との連携で続けてきた活動が、今の私の原点であると思うと同時に、このような連帯の中で、自分たちが日本の地域社会の住民として暮らしていくということが、自分たちにとっても、日本社会にとっても豊かさや可能性をもたらすということを、これからも伝えていきたいと思っています。

5　おわりに

「多文化共生」は、ここでは、外国につながる住民たちのことを中心に、スペイン語圏出身の住民たちのコミュニティを事例として伝えているが、多様なマイノリティを含む地域社会に存在するあらゆる多文化が共生する地域社会を想定している。

コミュニティラジオは、その起源がラテンアメリカにある。スペイン人がラテンアメリカを征服し一六世紀にアンデス山脈のポトシ銀山が発見され、銀から錫の産出に移行してからも、その産出のためにずっと過酷な労働を強いられてきたのは、先住民たちだった。その後の時代の流れでさまざまな抵抗運動が起こり、そのため先住民に対する弾圧は強まっていった。一九四二年には、カタピ鉱山の労働争議で鉱山労働者が七百人も虐殺されるということもあった。このような過酷な環境の中でボリビアの鉱山労働者による労働組合が設立され、一九四七年にその労働者たちによって、世界で最初のコミュニティラジオ局「La Voz del Minero」(鉱夫の声)が立ち上げられたのである。口承文化社会の先住民たちにとって、ラジオでの情報共有は得意とするもので、鉱山でのコミュニティラジオを活用した先住民運動、労働運動は広がっていった。これにより、先住民の選挙権や公民権が保障された新憲法が採択されたのである。

このように、どのような出自や言葉であるかにかかわらず、人間の尊厳を取り戻すための草の根の運動は、大きく社会を動かしていく。現代においても、基本的には同じことが言える。「多文化共生」は、国籍にかかわらず、どのような住民も人権が守られた成熟した社会をめざす言葉である。それは国籍や出自だけにとどまらず、多様なマイノリティが暮らしている社会で、誰も排除されることがなく、有事にはそこに暮らす誰もが自分にできる力を出し合って助け合える強い社会である。

阪神・淡路大震災時に避難所で日本人とともに過ごしたブラジル人女性が、半壊した自宅から保管していた肉を持ち出して、避難所でバーベキューをして避難している住民たちに振る舞った。その時の彼女の言葉が忘れられない。

日常的にはあまり会話をしたことがない人たちだったが、そんな時はみんなで助け合って励まし合わないといけないという気持ちだった。でも私はその時はじめて、日本人から「ありがとう」と言われてとても嬉しかった。

ラジオというツールは、避難所でも暗いテントの中でも、出自や年齢や性別や立場が違っていても同じように不安な被災者となった人たちに癒しを与え、それが被災者となった者同士をつないで自然に助け合う対等な立場となって、それぞれが何らかの役割を担っていく。まさにこれが弱い者を弱いままにしないという日常的に強いコミュニティの形成へつながっていく。

最近の日本は、ジェンダー指数も思いやり指数も世界の最下位で、歯止めのない円安、経済が停滞し、閉塞感のある社会になっていることに危機感を持っている。もともと人権意識の低い日本で、社会保障制度へのアプローチが難しい住民たちを弱いままにしないため、本章では、災害を切り口として活動を続けてきた事例を紹介した。このようなマイノリティ自身が発信できる機会の創出は、日本社会に気づきを与え、閉塞感を取り除いていくチャンスを作り、そしてまた世界とつながっていける。人の移動がますます盛んになっていく世界で、誰もが人権を守られた社会を考えることで、日本社会も変わっていけるのではないかと大いに期待している。日本が暮らしたいと思える国になれるのかどうか。外国人のためではなく、この国に住む私たち自身が課題に気づき、変えていかなければならないのではないか。そのためにもコミュニケーションの促進による住民同士のつながりを取り戻すためのコミュニティメディアを、どのように活用していくのか、市民自身の意識と政策を変えていかなければならない。

第7章 子どものラジオ番組制作と地域のつなぎ直し

久保田彩乃

1 地域コミュニティの分解と断絶
――ラジオによる「つなぎ直し」の試み

二〇一一年の東日本大震災・東京電力福島第一原子力発電所事故によって、福島県内一二の市町村に避難指示が出され、人々は突如としてそれまで暮らしてきた地域から出ていかなければならなくなった。二〇一六年に公開された映画『シン・ゴジラ』の劇中で、ゴジラ駆除のため「某国」から核兵器使用とそのための住民避難の判断を迫られた日本の総理大臣がこうつぶやく。

「避難とは、住民に生活を根こそぎ捨てさせることだ」

震災・原発事故で避難を余儀なくされた人々は、まさに「生活を根こそぎ捨てさせ」られた。それは家や家財道具などの財産だけではない。その土地で培ってき

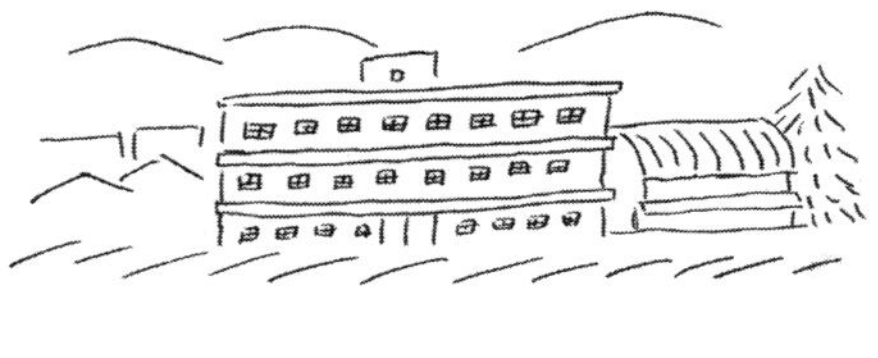

たコミュニティ、その内部の人間関係、そしてその関係性から生み出され連綿とつなげられてきた歴史や文化・風習など、まさに地域コミュニティにおける「通時的・共時的つながり」すべてを喪失したのだ*1。

震災・原発事故後、地元の福島県郡山市を中心に、フリーランスでラジオ番組制作・パーソナリティなどの仕事をしていた筆者は、二〇一三年から福島県富岡町の臨時災害放送局「おだがいさまFM」にスタッフとして所属し、局の運営や番組制作に携わってきた。原発事故により全町避難対象となった富岡町は、おだがいさまFMを通じて全国各地に離散した町民と町とのつながりを取り戻したい（維持したい）と考えていた。二〇一二年三月一一日に開局したこのFMは、原発事故によって避難先に開設されたラジオ局であり、局の運営自治体である富岡町内に取材に入るのも困難（震災直後から数年は許可申請が必要だった）、情報を届ける対象リスナーが全国に離散、スタッフの約半数が郡山市民であるなど、町を失った町民を対象とした「町をもたない自治体*2」が運営するという前例のない臨時災害放送局であった。それまで富岡町に縁もゆかりもなかった筆者は、避難先からどのような情報を伝えることが富岡町民のためになるのか、避難者はどのような番組を聴きたいと思うのかと暗中模索の状態であった。富岡町コミュニティの「通時的・共時的つながり」を喪失した人々に対し、ラジオができることは何か。連日のように富岡町民スタッフと話し合いながら番組制作を進める中でたどり着い

1 久保田 2022

2 大内 2018: 156

た一つの答えが、音と声で「人と人／町をつなぐ」だった。震災・原発事故による避難で分解されてしまった地域コミュニティ内部のネットワーク的な〝今ここ〟のつながり、そして断絶されてしまった時間的なつながり、その両方をつなぎ直したい。このような思いから、地域の「通時的・共時的つながり」をラジオならではの特性を生かしつなぎ直そうという試みをスタートさせた。それが、本章で紹介する富岡町の小学生によるラジオ番組制作の実践と、ラジオのスタイルを取り入れた地域探究学習を行った、福島県広野町の中学生による実践事例である。

本章では、震災・原発事故による避難を経験したこれら二つの町の子どもたちと実践した、ラジオを介した多世代間コミュニケーションの活動を、ケアの観点から論じることを試みる。二〇一三年から現在まで形を変えながら継続させてきたこれらの活動の内情は、子どもたちとの交流が被災者の心のケアとなったという希望的側面ばかりではない。むしろ、震災・原発事故からの年月の経過と共に変化してきた子どものアイデンティティに対する葛藤に満ちている。しかし、今回改めてこれらの実践をケアの観点で捉え直してみることで、かつて避難を経験した地域が、これから「地域の子ども」という存在とどう向き合い、どのようにして彼らと共にこれからのコミュニティを形成していくべきなのか（それは地域の記憶をどう継承していくのかという課題を含む）、その在り方と可能性を考えてみたい。

「〈ケア〉とは（中略）そこにいること（being-there）で幸せをもたらすもの」。つまり、「『そこにいること』だけでもできること」なのだ[*3]。

2　「地域の子ども」という存在

2–1　〝町の音〟の放送――町を思い出させる子どもの声

富岡町臨時災害放送局「おだがいさまFM」では、〝町の音〟の放送を通じた「人と人／町をつなぐ」実践を行ってきた。避難によって絶たれてしまった町民同士の関係性を取り戻し、町民に町の〝今〟を感じてもらうため、町の防災無線のアナウンスを録音し放送したり、お寺の鐘を突いてもらい録音し、大晦日に「除夜の鐘」として放送したりと、町の生活感や季節感を感じてもらえるようなさまざまな音を放送していた。その中でとりわけ避難中の町民に喜ばれたのが、学校の音、「子どもたちの声」である。富岡町には震災前、富岡第一小学校、富岡第二小学校、富岡第一中学校、富岡第二中学校と四つの町立小中学校があった。二〇一一年九月、町は避難先の福島県三春町に仮設の校舎を設置し、四校を集約する形で「富岡小中学校三春校」として学校機能を継続させ、以降、二〇二二年三月に閉所されるまでの一〇年半、仮設校舎・三春校は存在していた。

3　森村 2020: 6

二〇一三年からFMスタッフとなった筆者は、同年七月からこの三春校に通い、さまざまな学校行事や授業の様子を録音させてもらってきた。入学式、運動会、秋の学習発表会（文化祭）、卒業式など、学校には季節を感じさせる行事がたくさんある。また、授業で書いた感想文や、各学期の終業式で発表される「〇学期にがんばったことと夏休み／冬休みの目標」などの作文を子どもたちに朗読してもらい録音・放送する。そして、各行事で必ず歌われる学校の校歌もセットで放送する。これらが仮設住宅に暮らす高齢者にとても喜ばれた。ある時、筆者が担当する番組で、二学期の終業式のもようを放送した際、ラジオを聞いていた一人の高齢男性が、放送終了後に筆者に声をかけてきた。聞くとその男性は以前、町内の小学校で教員をしていた経験があるという。その男性がこうつぶやいた。

今、ラジオで校歌を久しぶりに聞いて、懐かしくなっちゃった。昔は（小学校に）子どもが何百人もいたんだけどなあ。今は（学校を）三春でやってるのか。声聞いてると、ずいぶん人数少なくなった感じがわかるな。懐かしいけど、ちょっと寂しいな。

実際、震災前は各小学校に数百人規模の児童が在籍していたが、仮設校舎に移ってからは、小学生は二校合わせて二〇名程度にまで減少していた。この男性の「懐かしいけど、ちょっと寂しいな」という声には、避難によって町を離れたことにより「地域の子ども」の存在が感じられる機会を失ってしまったことへの無念さが表れている。その時、筆者は改めて「地域の子ども」という存在そのものが、町民にとっては「ケア」になっていたことを知った。森村によれば「〈ケア〉とは人間の〈情念〉の運動」であり、「それは世界や人々に関わる際の〈贈与＝恵み〉」であるという*4。つまり「私たちが〈そこに存在する〉ことで、「誰かを勇気づけ、誰かの支え」になりうるということであり、「〈ただそこにいる〉ということによって、〈他者〉を〈ケア〉することもある」のだという*5。本来、町で暮らしていれば、子どもがいない家庭でも、町内の学校から子どもたちの声が聞こえてきたり、校庭で遊ぶ様子が見えたりすることで、子どもの存在を感じ取ることができた。また、登下校中の子どもたちを地域ぐるみで見守る活動があることで、子どもの姿を自然と目にすることができていた。そしてそれが地域での日常生活だったのだ。しかし震災・原発事故は町民から「地域の子ども」という存在を奪った。失われたその存在は、ラジオを通じて町民に（自分の子ども時代も含め）町で過ごした過去を思い出させ、現在の町の学校環境を知らせ、町の未来を考えさせるものとして、町民と町の紐帯となった。そしてこの出来事をきっかけに、町の子どもの声をＦＭに取り入れる方法の検討がスタートした。

4　森村 2020: 9
5　森村 2020: 11

2-2 「富岡今昔物語」——世代間交流の場から地域の記憶伝承の場への変化

町の子どもの声をＦＭに取り入れるため、筆者は仮設校舎・三春校の小学校に協力を仰ぎ、二〇一四年度から小学五年生と一緒にラジオ番組を制作し放送する活動をスタートさせた。震災・原発事故により避難対象となった双葉郡八町村は、この年から「ふるさと創造学」という新しい探究学習活動をスタートさせた。福島県双葉郡教育復興ビジョン推進協議会によると「ふるさと創造学」とは『震災で子どもたちが得た経験を、生きる力に』との思いからはじまった、双葉郡八町村の学校が地域を題材に取り組む、探究的な学習活動の総称」であり、各学校が地域を題材に課題探究から解決に向けて取り組むものとして二〇二三年現在まで継続されている。二〇一四年当時、避難中の富岡町民との交流が少ないことに加え、避難先で「地域を学ぶ方法」に課題を感じていた三春校は、ラジオ番組制作を通じて富岡町民と児童らの交流が生まれることを期待し、学習に取り入れてくれたのだった。

ラジオ番組制作にあたっては、制作方法や話し方のアドバイス・録音等は筆者が担当したが、番組タイトルやコーナー内容、何を話すかなどについてはすべて授業の中で児童たちに決定させ進めた。子どもたちは自由にさまざまな企画を考えてくれた。学校で流行っているゲームや音楽をランキング形式で発表したり、好きな給食のおかずについて話したり、時には子どもたち同士で悩み相談に答えたり。出来上がった番組は、まさに富岡町の学校に通う子どもたちの〝今〟を避難者らに伝えてくれるものとなった。町の子どもたちが避難先の仮設校舎でどんな学校生活を送っているのか、今どんな勉強をして、何が好きで、何をして遊んでいるのか。震災・原発事故とはまったく関係のない、子どもたちの日常に溢れた番組は、避難者らにとって癒しとなり、まさに「〈存在することのケア〉」を体現するものとなっていった[*6]。

二〇一四年の小学五年生制作番組の中に「富岡今昔物語」というコーナー企画が作られた。自分たちが今いる学校と昔の学校にはどんな違いがあったのか、富岡町のお年寄りたちにインタビューをして聞いてみようという内容だった。三春校に通う五年生児童四人が、町の高齢者たちが集う交流施設にやってきて、インタビューを行う。「富岡の子どもたちと触れ合える」という企画に、仮設住宅に暮らす高齢者たちは大いに喜んだ。当初、インタビューは四〜五人程度にという話で進めていたのだが、当日、施設には三〇人ほどが集まってきた。この交流施設では平日毎日、体操や踊り・歌などの教室やお茶会などが開かれ、高齢者たちが自由に集っているが、平均して一〇〜二〇人程度である。インタビュー当日、予

6　森村 2020: 11

想を上回る人数が集まってきたことに、「富岡の子どもからインタビューをされる」という行為が含む多世代間交流への避難者らの切望が窺えた。子どもたちが考えてきたインタビューのテーマは「昔の学校生活について」だった。昔の給食はどんなメニューだったのか、学校ではどんな動物を飼っていたのか、何をして遊んでいたのかなど、事前に考えてきた質問内容を中心に、七〇~九〇代の富岡町民にマイクを向けた。その中で起きた次のようなやりとりが印象深い。

小学生A:「今のぼくたちの給食は、和食や洋食、中華など、色々なメニューがあります。みなさんが子どもの頃は、どんな給食のメニューがありましたか?」

九〇代男性:「私たちの頃は、戦中・戦後の食糧難の時代で、給食なんてそもそもなかった。自分の家からサツマイモやら、麦だのヒエだのが入った握り飯を持って学校に行っていた。だからもう、年中お腹を空かせてましたよ。」

七〇代女性:「私たちの頃は脱脂粉乳なんていうのがあってね。脱脂粉乳ってわかる? あんまりおいしいとは思わなかったけど栄養があるっていうんで。それとパンだったかな。だから脱脂粉乳とパンを毎日食べてましたよ。でもやっぱり足りなくてね、帰り道その辺の木の実とか、色々採って食べてました。」

九〇代男性：「だから、今のみなさん方みたいに、毎日給食が食べられるなんてなかったんですよ。みなさん好き嫌いとかあるかもしれないけど、今は色々な食事ができて幸せだ。昔は好き嫌いなんて言ってる場合じゃなかったんだから。」

小学生B：「すごい、大変な時代だったんですねぇ……」

参加者一同：（どっと笑いが起きる）

小学生Aがした質問をきっかけにしたこの一連の会話には、震災・原発事故の話題はまったく出てこない。震災・原発事故以降「避難者」と呼ばれるようになり、メディアからマイクを向けられる機会と言えば震災・原発事故の話題ばかりだったこの場の参加者たちにとって、富岡の子どもたちからインタビューを受けていたこの時間は、彼らが「一富岡町民」に戻り、自分たちの子ども時代の話を現在の同じコミュニティの子どもたちに語って聞かせるという「日常」を取り戻した瞬間であった。

森村は、アルフォンソ・リンギスの『何も共有していない者たちの共同体』*7（原著1994）を引用し、「〈誰かの死〉が、『何も共有していない＝何も共通のものを持たない者（those who have nothing in common）』としての〈誰か〉と私（たち）を

7 リンギス 2006

結びつけ、私たちの〈あいだ〉に『共同体＝共通性（community）』を形づくる」と述べた*8。そしてこれによって「〈私以外の誰か〉と私たちの〈あいだ〉に立ち上がる〈無関係な関係〉への気遣いを〈死者としての他者へのケア〉」と呼び、また、「〈死者へのケア〉」について、「様々な形で亡くなっていく〈死者としての誰か〉と〈生者としての誰か〉という『何も共有していない者』たちの〈あいだ〉で、『とりあえず今現在に生きている生者』が、『死者としての他者』を〈思い遣る〉ことである」と述べている*9。つまり、過去の事象（「死者としての他者」たちが経験してきたこと）が、それを知る者とそれをまだ「何も共有していない」者を結びつける接点になり、そしてそれすらもケアとなりうる可能性を持つことを示唆している。富岡町民であり、震災・原発事故の経験者という共通点がありながら、避難によって、それまで接点を持つことがなく、互いを知る機会がなかった仮設住宅に暮らす高齢者と仮設の学校に通う小学生の両者を、「昔と今の学校給食の違い」の話題が結びつけた。これは決して新たなコミュニティが生まれたとまで言えるものではないが、その萌芽であったろうことは確かである。子どもたちは目の前の高齢者たちが自分たちと同じ小学生時代に大変な経験をしてきたことを知り、それを「〈思い遣る〉」。小学生Bの口からぽつりと出た「大変な時代だったんですねぇ……」という言葉は、過去の富岡町で起きていた出来事がイメージされたからこそ出た言葉である。またその言葉を受けて一同が笑った場面は、「自

8 森村 2020

9 森村 2020: 134-136

分たちの語りに小学生が共感してくれた」という相互行為の成立による「共同体＝共通性」を感じることができたことに対する喜びも含まれていたであろう。

一方の子どもたちにとって、「ラジオ番組を作るために行った、富岡町民へのインタビュー」という行為はどのような意味があったのか。フレイレによれば、教育する側とされる側の間には絶えず「矛盾」が存在しているが、「対話を通して矛盾を超えていくところには、結果として新しい関係性が生まれる」という。つまり「対話」こそが「世界と共にあるいは世界の内にある人間の存在の仕方を批判的に自分で発見していく」ために必要だということである[*10]。これはフレイレが提唱する「問題解決型教育」の方法論としての一つであり、「教育する側とされる側がそのプロセスにおいて共に主体となる」ことが重要とされている[*11]。今回の場合で言えば、インタビューに答えることで知識を伝える側は参加高齢者であり、教えられる側は子どもたちであった。ともすればこれは一方的な知識伝達になりかねず、それでは「対話」は成立しない。しかし子どもたちは「ラジオ番組を作るためにインタビューをする」という目的意識のもと高齢者たちと向き合ったことで、主体的に話を「聴く（傾聴）」ことができた。また、交流施設という公の場で、相手にマイクを向けながら話を聴くという行為は、公共性を保った上で親密性を持った対話を可能にするというラジオならではの特長を持っている。番組制作への主体性が子どもたちに担保されたことに加え、こうしたラジオ的コミュニ

10 フレイレ 2018: 153-160

11 フレイレ 2018: 166

ケーションスタイルの特性によって、子どもを主体とした「町の大人」との対話が実現された。これにより、避難者同士の多世代間交流から「新しい関係性」構築へと発展した。この一連の活動は、子どもたちにとって、自身の主体性に基づく「町の大人」との関係構築の契機となったものであり、それと同時に「自分は富岡町民の一員である」という自身のアイデンティティの自覚にも影響を及ぼしたものであった。

2-3 地域を知らない子どもたち
――ふるさと学習とアイデンティティへの葛藤

二〇一四年から開始した富岡町の小学生とのラジオ番組制作と放送は、二〇一八年三月のおだがいさまＦＭ閉局と共に終了となった。ＦＭの閉局は、二〇一七年四月一日の富岡町の避難指示解除（一部地域を除く）に伴う町への帰還開始に伴うものであった。二〇一二年から六年間の臨時災害放送局運営は、これもまた前例のない過去最長の記録として残っている。それはまた避難者にとっても、避難生活が長期に及んでいることを意味していた。この影響を強く感じるようになってきたのは、まさに二〇一七年のラジオ番組制作だった。二〇一七年度の小学五年生は、震災・原発事故当時三～四歳。当時のことをどのくらい覚えているかと聞くと、「保育園にいる時めちゃくちゃ揺れて、机の下に隠れた」「避難所で遊んでいたら知らないおじさんにうるさいと怒られた」など断片的であった。そして何より、富岡町での生活の記憶がない。災害や事件・事故は、そこから年月が経つにつれ、それを知らない世代がいつかは出てくるものと当然認識していた。しかし、避難の長期化はそればかりでなく、生まれ育った町の記憶すらない世代も生んでしまうものなのだ。避難生活が今後も続く人々が存在する中、これからさらに、震災・原発事故そして自分のルーツである地域を知らない子どもたちが増えるだろう。そう考えた時、筆者の頭に浮かんだ最大の懸念は、避難先で生活しながら避難元自治体が運営する仮設の学校に通う子どもたちや、今後増加するであろう、自身のルーツを学んで知ることになる子どもたちの当事者性とアイデンティティの所在についてであった。「3・11避難により『通時的・共時的つながり』を失ったと感じている人々は、被災・避難のというだけでなく、地域の当事者でもある」。彼らが震災の記憶を継承することや、つながりを持ちたいと願う対象は、「本来であれば同コミュニティ内部に位置付けられ、地域の次世代を担うはずであった子どもたち」である。しかし、避難生活の長期化と共に、その「子どもたちの3・11避難そして地域における当事者性」は確実に変化している。その中で、震災・原発事故による避難を経験した当事者の人々がこのまなざしを子どもたちに対し向け続けることは、理解はできるし当然のことである。しかし一方で、次第に非当事者となりつつある子どもたちを地域復興の担い手と見なし、〝ふるさと〟の記憶を継承することが当然とばかりに言い続けることは、当事者性の押し付けであり「子どもたちのアイデンティティ形成におけるスティグマ」にさえなりかねない[*12]。二〇一七年の富岡の小学生たちとのラジオ番組制作は、こうした子どもたちのアイデンティティ形成における葛藤と、「地域を知る」ことの両立へのチャレンジでもあった。

地域の記憶が乏しい「地域の子ども」によるラジオ番組制作は、まず自分たちの地域における立ち位置の確認からのスタートだった。「自分たちは三歳の頃に富岡町から避難し、今は避難先の町で暮らしながら、富岡町が避難先に作った仮設の学校に通っている」。そして「避難後、一度も富岡町には立ち入っていない」。避難指示発令後、その対象地域は一五歳以下の子どもの立ち入りが禁止されていた。そのため、二〇一七年度の小学五年生である彼らは、避難後一度も町の様子を見たことがなかった。これが、避難を経験した二〇一七年度の小学五年生（一〇～一一歳）の避難元地域における立ち位置である。学校内での学習でのみ学ぶものとなっていた、自分たちのルーツたる富岡町。立ち位置を整理したことで見えてきた、町と自分たちのつながりをどうラジオ番組に反映させるか、そしてラジオ番組で自分たちは、「富岡町の何を伝えたいのか」。彼らが設定したテーマは「富岡町の復興の様子を自分たちの目で見て、自分たちの言葉で伝えよう」という、

12 久保田 2022: 195-196

実に率直なものとなった。一部地域を除く避難指示の解除に伴い、子どもたちの町への立ち入りも可能になった二〇一七年だからこそのテーマである。

番組制作の活動を始めて四年目、初めて子どもたちが富岡町に入り、現地を取材し番組を作ることとなった。避難指示解除と共にオープンした町のスーパーマーケット、津波被害を受けたJR富岡駅や駅近くに建てられたビジネスホテル、そして、本来であれば自分たちが通うはずだった小学校の建物内にも立ち入り、それぞれの関係者から被災当時のことや、そこからの復興状況についてなど、さまざまな話を聞かせて頂いた。スーパーマーケット内のフードコートに出店した地元ラーメン店「浜鶏（はまど～り）」では、昼食に「浜鶏ラーメン」を食べた後、社長の藤田大さんにインタビューを行った。富岡町出身の藤田さんは、ラーメン店を出店した会社「株式会社鳥藤本店」の三代目社長である。原発事故直後から福島第一原発構内に社員食堂をオープンさせたり、町内にコンビニを出店したりするなど、食を通して避難対象地域の復興を支えてきた。過去にはメディア取材を受ける機会も多かった藤田さんだが、子どもたちからのインタビューは初めてで、とても緊張したという。そして、その中で藤田さんの印象に強く残っているのは、冒頭の子どもたちからの挨拶だ。

こんにちは。僕たちは富岡第一・第二小学校の五年生です。僕たちは将来、自分の言葉で富岡町の復興の様子を伝えることができる大人になりたいと思っています。二〇年、三〇年経って、僕たちにも子どもができた頃には、富岡町は今よりもずっと復興が進んで素晴らしい町になっていると思います。それは富岡町の復興を信じて多くの方たちが努力したり、工夫したりしてくださったからだということをラジオ番組で伝えていきたいです。そのために今の富岡町の様子を自分の目で見たり、自分の耳で聞いたりしたいと思って来ました。今日はよろしくお願いします。（制作したラジオ番組より）

この言葉を聞き、藤田さんは「だめだ、泣きそう」と言いながら涙ぐんでいた。それにつられて筆者も目頭が熱くなったのを記憶している。インタビューでは、鳥藤本店の歴史や富岡町とのこれまでの関わり、なぜラーメン店を出店しようと思ったか、そして会社や富岡町の未来について、たくさんの話を聞かせて頂いた。藤田さんの話に耳を傾ける子どもたちの表情も真剣なものであった。藤田さんは、子どもたちからインタビューを受けた時のことを次のように振り返る。

「どうやってこの町を復興していくべきか、自分なりにできることを頑張ってきたつもりでした。そうしたなかでわかったのは、地域には見えないバトンがあることです。先輩から後輩が見えないバトンを受け継ぐ。ただし、震災でみんなが避難したため、受け継ぐ相手もいません。だから、自分はここにあるバトンを勝手に持って走ろう。走れるところまで行ったら、ポトッとそこに置いていこうと考えていました。そうしたら小学生が（インタビュー時に）富岡町の役に立ちたいと言ってくれて、大号泣でしゃべれなくなりました。ラーメンをやったことでバトンがつながるきっかけができたんだなと[*13]」〔（　）内は引用者による〕

メイヤロフによれば、「ケア」とはケアする相手について「多くのことを知る」ことだという[*14]。「知る」とは、「明確に（言語表現できる仕方で）」あるいは「暗黙に（言語表現できない仕方で）知ることもある」。そして「明確な知識と暗黙の知識、それを知っていることと、それをどうするかを知っていること、そして直接的知識と間接的知識、これらすべてを含んでいるものであり、それら全体は、他人の成長を援助するうえでさまざまに関係している[*15]」。インタビューは傾聴のコミュニケーションであり「相互が関係しあう」ことによって語りが創造される[*16]。このインタビューでは、聞き手である小学生の冒頭の挨拶が、これから始まるインタビューという相互行為への主体性の表明となり、それが語り手である藤田さんの心を動かすものとなった。インタビューにおいて双方が主体性を持った対話ができたことによって、双方が互いの思いを「知る」ことができた。その

13 福島・浜通りの未来のために――ラーメンを新たな名産へ、鳥藤本店・藤田社長の挑戦」（二〇二三年八月三一日閲覧、https://news.yahoo.co.jp/articles/01892f2caf4c4299e2358c89bfe46e6dc9949d96）

14 メイヤロフ 1987

15 メイヤロフ 1987: 34-37

16 金山 2022: 49

意味でも、インタビュアーの冒頭の自己紹介やインタビューの趣旨・目的の告知は極めて重要であると言える。そして、この場で生み出された藤田さんの語りは、子どもたちがそれまで机上でしか知りえなかった富岡町の「知識」に人間味――富岡町民としての震災・原発事故に対する経験や考え、町の復興や未来に対する思い、そして子どもたちに対する思い――を加え、子どもたちの「富岡町の知識」をより立体的にした。そしてこの活動そのものが、子どもたちにとって「富岡町での経験」となったのである。こうした地域での「経験」こそが、子どもたちのアイデンティティ形成にとって重要であり、避難によって抜け落ちてしまっていたものであった。また、藤田さんだけでなく、このインタビュー活動に協力してくれた多くの町民関係者は、子どもたちに対し希望のまなざしを向けていた。「地域の未来たる子どもが目の前にいる」「私たちの話を聞きたいと言ってくれている」。この活動の機会に居合わせた町民にとっては、震災・原発事故以降絶たれてしまっていた地域コミュニティにおける「通時的・共時的つながり」の再構築への希望が戻ってきたという実感をもたらすものになったのであろう。そのような意味で、子どもたちは富岡町民に対し「エンカレッジメント」をもたらし、「成長を援助」した。震災・原発事故からの年月の経過と避難の長期化の中で起こり始めた、避難対象地域をルーツに持つ子どもたちの当事者性の変化と彼らのアイデンティティへの葛藤。それは同時に、地域住民にとっての「地域の子ども」が

「存在そのものがケア」であるという立ち位置から、「思いを託すことができる存在」つまり「地域の次世代」という立ち位置へと変化したとも言える。二〇一七年度のラジオ番組制作における富岡町現地でのインタビュー取材の試みは、町への帰還がスタートしたタイミングで、町民が未来を託すことができる次世代に対面することができたという点において、その存在のケア性を考えさせられる活動となった。しかし同時に、震災・原発事故を経験した私たち大人世代が彼らをどう「ケア」していくかについても考えなければならない。つまり、地域の未来を託したい大人と、託される側の子どもが「相互に関係」する場をいかにして作り続けるか。これから、避難先だけでなく「かつて避難を経験した地域」で生活する子どもたちも増えていく中で、彼らがこの地域をどう自身のアイデンティティの一部としていくのかは「対話」という経験にかかっているのかもしれない。

3 「ふるさと」という場所の意味

3-1 消えゆく爪痕――「避難経験地域」の記憶を伝える

二〇一八年三月末のおだがいさまFM閉局に伴い、子どもたちとのラジオ番組制作の取り組みは、筆者が代表を務める一般社団法人ヴォイス・オブ・フクシマでその活動を引き継いだ。以後は、原発事故による避難指示対象となった福島県相双地域を中心に、小中学校で実施されている地域探究学習の支援を継続している。避難指示が解除され帰還が始まり、地域で再開された学校での活動も徐々に増え始めた中、震災・原発事故から一〇年を境に、その教訓や避難の経験などの、記憶の継承に関する課題が強く叫ばれるようになった。しかし、それと反比例するかのように、復興・帰還政策が進められる地域は、街並みが急速に変化し、震災以前の町の姿を思い出すことが難しくなっている。帰還困難地域など、未だ災害の爪痕を残す場所は存在するが、そういった災害の記憶は「震災遺構」として伝承施設などに集約され、地域に暮らしていても、震災・原発事故は「見ようとしなければ見えないもの」になりつつある。加えて、避難を経験した地域には、帰還者ばかりでなく、復興や廃炉作業関係者、新規事業参入企業やその関係者、大学・研究機関関係者など、国内外からさまざまな背景を持つ人々が転入しており、人口構成も大きく変化している。このような地域環境の中で、現在の双葉郡に暮らす子どもたちは「地域から何を学ぶべきなのか」。ひるがえってそれは、震災・原発事故を経験した我々当事者の世代が、次世代に何を教訓として残すべきなのかという難しい問いに向き合わなければならない時期に来ていることを意味していた。

3-2 「広中ルーツプロジェクト」——この町に暮らすワケを知る

双葉郡広野町は、二〇一二年三月という早い時期に役場機能を町に戻し、帰町を開始した。現在は震災前の人口と同程度の水準にまで回復しているが、一方で、先に述べたように人口構成は震災前と大きく変わり、また過疎化・少子高齢化も急速に進んでいる。震災・原発事故から丸一一年が経過した二〇二二年、広野町立広野中学校三年生の「ふるさと創造学」で、ラジオ番組制作を通じた地域探究学習が行われることになり、筆者も活動支援に入ることとなった。広野中学校では、二〇一五年から一般社団法人リテラシー・ラボが支援し、映像制作や地域マップ、職業人図鑑作りなどのメディア作品作りを通じた、多様な人々とのコミュニケーションと地域理解を主旨とした「ふるさと創造学」の学習が継続して行われている。その枠組みの中で、二〇二二年度は「広中ルーツプロジェクト」と題した地域探究学習がスタートした。学習のテーマは「移住」。現在、広野町では町への移住・定住促進のための事業が行われ、町の魅力化やPRが課題とされている。しかし、「人は地域やその施策の〝魅力〟によってのみ、移住・定住を決めるのだろうか」。このような問題意識のもと、「なぜ人は移住をするのか」「人は何を理由に移住をするのか」を探究し、さらに震災・原発事故による避難を経験した人々が、これまでどのような歩みをたどり、広野町に戻り暮らしている理由は何なのかを明らかにしようという試みとなった。

このプロジェクトでは、震災・原発事故当時二〜三歳だった二〇二二年度の中学三年生二四人が、四人の「移住」経験を持つ町民にインタビュー取材をし、それぞれのルーツをたどりながら、広野町に暮らしての思いをラジオ番組にする。この学習で、テーマが「移住」と設定された背景には二つの理由がある。一つは、中学三年生の彼らがぼんやりとしか覚えていない「避難」という体験が何であったのかを、自分なりに言語化することで、それを一つの経験として自身の中に落とし込む必要があったことである。「なぜ自分は避難をしたのか、そしてなぜ自分は今、広野町の中学校に通っているのか」。幼い頃の記憶のない体験を掘り起こし、そこに関係する家族や地域の人々の思いと紐づけていくことで、「この町に暮らす意味」を考えることが、震災・原発事故の爪痕が消えかけた避難経験地域に暮らす彼らに、〝今〟必要な学習だと考えられた。もう一つは、この地域の子どもたちにとって、中学卒業後の進路選択において「町を出る」ということが、避けては通れない選択肢の一つになっているという点にある。町内には高校が一校しかなく、大学や専門学校などはない。もちろん働く場所も限られる。今後、自分自身で進路を決定していく上で、町を出てどこか別の場所に移り住む可能性は限りなく大きい。このような状況の中で、町民の先輩たちはどのような時に、どのような決断をして「町を出て」「町に戻ってきたのか」を知ることは、人生で最初の進路選択を迫られる中学三年生にとって重要と考えられた。読者の中には、この時点で違和感を持った方がいるかもしれない。それは、「避難」と「移住」を一括りにして捉えて良いのかという問題だろう。この活動を支えた教員、そして筆者らスタッフもその点について何度も話し合った。若者・子育て世代の新規移住者獲得政策や避難者帰還のための政策など、この地域は人を呼び込むための政策が多い。一方で、一〇代の進路選択が限られ、若者は町を離れる。また、避難で一度町を離れた人がなかなか戻らない。この地域では「避難」と「移住」が渾然一体となって、地域課題を作り上げている。その中で我々が出した結論は「避難を移住と捉えることが正解か間違いかはわからないが、とりあえずそう捉えてやってみよう」であった。人が生活拠点を移動させるのには、何らかの理由がある。生徒たちがその点に気づき、自分たちの幼い頃の経験を振り返り、今を捉え直し、自身の将来を考えるようになってくれたら、〝この活動は成功〟と腹を括り活動をスタートさせた。

中学三年生とのラジオ番組制作は、その大半を彼らに任せることにした。班ごとに一人、インタビュー対象者を決め、質問内容を考える。そして、インタビュー会場のセッティングを行い、本番のインタビューとその録音。録音した音源から番組で使用する部分を決める編集作業。さらに、使用する音源に対し、自分たちで感想や意見を言い合う、いわゆる「受け」のパートと、インタビュー対象者の紹介を行う「フリ」部分などの台本を考え、収録を行う。もちろん、番組タイトルも自分たちで決定した。最終的に番組を完成させる作業以外、ほぼすべての作業を彼らが担った。もちろん、台本はスタッフからの指摘とアドバイスで何度も書き直し、収録前のリハーサルも繰り返し行った。収録中のミスもあったが、大変ながらも笑いの絶えない番組制作となり、中学三年生の力と可能性を改めて実感させられるものとなった。完成した番組は、ＣＤにしてインタビューに協力頂いた方々と生徒、関係者らに配布した。しかし、広野町では番組を放送する機会がない。そこで、この「広中ルーツプロジェクト」の最終活動として、町民関係者を招待した公開放送スタイルの成果報告会を行った。当日、筆者はディレクションと音響担当として、生徒たちの発表の様子を近くで見ていた。すると、番組制作の間は終始不安そうにしていた生徒がしっかり番組ＭＣを務めていたり、インタビュー取材ではふざける様子が見られたような生徒が、インタビュー相手から聞き取った話をまとめ、それに対する自分の意見を語っていたりと、随所で成長した姿が見られた。「自分たちでラジオ番組を作る」という行為には、制作者としての責任がつきまとう。インタビュー音源を切り取る際には、編集者として、語り手が伝えたかったことを汲み取り、音源としてまとめなければならない。また、その音源をもとに意見を言い合う場面では、単なるインタビュー取材の感想に留まらず、語り手の話を自分事にし、議論に発展させる力が必要だ。そして何より、制作活動のすべてが公の場で行われ、自分たちの語ったことが公開されるという緊張感も伴う。これらの活動一つ一つが、生徒たちに地域を主体的に学ぶ姿勢をもたらし、それをやりきったことによる達成感と充実感が、生徒たちを大きくしたのだと感じられた。

3-3 「次の皆既月食の時に、帰ってこよう」——他者の経験に共感する

「広中ルーツプロジェクト」における一連の活動の中で織りなされた地域住民とのコミュニケーションは、ラジオ番組制作者である中学生たちに何をもたらしたか。インタビュー中のやりとりや、生徒たちの作業中の発言、報告会終了後の感想などから、生徒たちの広野町に対する考えや思いの変化が垣間見えた*17。

インタビュー取材に協力して頂いた四人のうちの一人、島村真登さんは広野町出身。小学六年生の時、震災・原発事故によって家族でいわき市に避難し、中学・高校を卒業。その後大学進学を機に上京し、卒業後広野町に戻り、現在は役場職員を務めている。現在二〇代の島村さんに対し生徒たちからは、避難先や東京での生活についてや、広野町に戻った理由などについての質問が出た。ひとしきり答えて頂いた後、島村さんから生徒たちにこんな質問が投げかけられた。

17 以下、広野町立広野中学校 2022「令和4年度広野町 いいな広野わが町発見——ふるさと創造・映像教育プロジェクト——広野町民を取材して考えた、地域に住むということ。HIRONO ROOTS PROJECT 作品集」から引用

島村さん：「みなさんは将来広野に住みたいって、今思えていますか？」

教員：「正直に、将来広野に住んでもいいなって思う人？」（挙手を促す）

手を挙げたのは、会場にいた九人中たった一人、その他の八人は「町を出たい」と考えているようだ。生徒たちは、気まずそうに互いの顔を見合わせる。しかし島村さんはこう続けた。

島村さん：「（出たいと思うことは）それはそれですごくいいね。なんなら自分としては、外に出て色々考えてみてもらいたいなと思う。自分が震災で避難をして（広野町を）離れてみて、改めて広野の良さを感じることができたので。やっぱり外に出て見える景色って色々あると思う。」

インタビュー終了後、生徒たちは島村さんの話を振り返りながら次のように話した。

生徒A：「島村さんからは意外な回答が返ってきた。『もっと広い世界を知ってほしい』『都会に出てもいい』みたいな。」

生徒B：「これからの広野のことを考えると、広野に残ってほしいみたいな感じなのかと思ってたけど……」

生徒A：「役場に勤めろとか……」

生徒B：「そうそうそう。」

小さな町で生まれ育った子どもたちは、成長するにつれ、否が応でも自分たちの町の現実に直面する。過疎化、少子高齢化、働き手不足、そして移住・定住推進事業……。家族や学校教員が、どんなに「好きな場所で、好きなことをやりなさい」と言ってくれていても、それとは裏腹な町の姿は、中学三年生の進路選択に影響を与えていた。生徒たちはやはり「地域で働く大人は、私たち（子ども）に、この場所に留まってほしいと思っている」と考えていたようだ。課題に直面する〝ふるさと〟と、生まれ育った者の宿命として、そこに留まることを暗に望まれているようなプレッシャーを、生徒たちは感じていた。しかし、島村さんから「出てもいい、むしろ出た方がいい」と言ってもらえたことで、安心したような様子であった。小学生の時に「避難」という形で町を離れた島村さんが、東京での大学生活を経て、自分の意思で町に戻ったという経験を語ってくれたことは、中学三年生の彼らにとって、少し先の自分の未来を想像する大きなヒントになっただろう。町を出て、外の世界を見て帰ってきた島村さんだからこその言葉に、彼らは納得し前を向いたのだった。

インタビュー協力者の中には、歴史的出来事の渦中にあった経験を語ってくれた方もいる。塩史子さんは、太平洋戦争終戦の年の一九四五年、中国・上海の捕虜収容所で生まれたという。その後、生後四か月で引き揚げ船に乗り両親と共に鹿児島に帰港し、両親の故郷である広野町に戻り、小・中・高校生活を送る。高校卒業後は、高度経済成長期の中、川崎の工場に就職したが、「都会の空気が嫌に」なり、広野町に戻った。以降は町内で結婚・子育てをし、長年に渡り町議会議員も務めた。インタビューでは、豊富な経験を持つ塩さんに、生徒たちからもさまざまな質問が投げかけられていた。番組をまとめていく中で、生徒たちは、塩さんの二つの移動の経験について考えていた。一つは、生後四か月で帰国し両親と共に広野町に戻ってきたという経験。もう一つは、高校卒業後、就職のために川崎に行き、その後帰郷したという経験。「移住」というテーマの中で、塩さんのこれらの経験について「自分たちは何を語れば良いのだろうか」と悩んでいた。その答えが、公開放送スタイルで行われた成果報告会で、塩さんを前にして次のように語られた。

生徒C：「（塩さんの）最初の移住は、上海から鹿児島への引き揚げで、自分の意思で移住したわけじゃなかったんだけど……」

生徒D：「僕は東日本大震災で岩手の方に（避難して）行って、小二になる前に広野に戻ってきたんですけど、自分もやっぱりその頃はちっちゃいから自分の意思がないわけで、（そういう点で）塩さんと似ているところがあったと思いました。」

生徒たちは、塩さんの二つの移動の経験に本人の意思の有無の違いを発見し、そこに自分たちの避難経験との共通点を見出していた。これは彼らにとって大きな意味を持つ。確かに彼らの避難と帰町の体験は、彼らの意思によるものではない。しかしそこには、彼らを守ろうとした家族や関係者の意思が介在していたのである。広野町民にとって、避難そのものは本人たちの意思にはよらない強制的なものだが、ある瞬間に町を追い出されてからは、避難ルートや避難先、生活再建や帰還のタイミングなど、自らさまざまな決断を迫られるものとなった。「移動／移住と人の意思」。塩さんへのインタビューから、生徒たちは、自身の避難と帰町の体験を「家族の意思によって守られていた経験」と捉えたのであった。

成果報告会を終えた後、生徒たちに活動の感想を聞いた。すると一人の女子生徒がこんなことを話してくれた。

昨日（成果報告会前日）、皆既月食だったじゃないですか。広野っていうか自分の家って、めっちゃ星とか月がよく見えるんですね。それで昨日（家族と）、皆既月食の時に家に帰ってこようっていう話をしました。（自分は）たぶんどこかに出ていくと思うので、皆既月食の時に（広野で）きれいな月をみんなで見たいなと思いました。

彼女が唐突に語ったこの話の意味を、筆者らはすぐには理解できなかった。しかし、後から振り返ってみると、この活動を通じて、彼女が「いずれ町を離れる」ということに対して覚悟を持ったこと、そして自立した将来の自分の姿を想像しながらも、広野町を戻ってこられる場所としての〝ふるさと〟と位置付けたのだとわかった。「次の皆既月食を、また広野で家族と見よう」という約束が将来果たされるかはわからないが、家族にとっても、彼女とのこの会話は、皆既月食のニュースが流れるたびに思い起こされるものとなるに違いない。

4　「ラジオ×子ども」がもたらす地域のつながりの持続可能性

ここまで、震災・原発事故による強制避難を経験した富岡町と広野町の小中学生とのラジオ番組制作実践の事例から、避難によって絶たれた地域との時間的な縦のつながりと、バラバラにされてしまった地域住民間の横のつながりを「つなぎ直す」試みを捉えてきた。各事例から明らかとなったのは、地域での世代間交流における対話の場で、縦と横のつながりをつくるために重要なのは、いかにして子どもの主体性が発揮される形をつくるかという点であった。大人が一方的に話したいことを話すのではなく、子ども側にコミュニケーションの主導権を握らせる形式を取ることで、子どもは答えてくれる大人と向き合い、その人の持つ経験や価値観に自ら共感を寄せる。それが、縦と横のつながりを創り出す接点となるのだ。そしてまさにこれがケア・コミュニケーションであり、ラジオ番組制作におけるインタビューというスタイルは、それを可能にする行為であると言えるだろう。さらに、インタビューでは町の大人のリアルな「声」を聴く。そこには、自分たち子どもへのさまざまな思いが込められたまなざしが含まれる。それを体感し、番組としてまとめることで、子どもたち自身も客観的にそれを振り返ることができるのだ。避難経験地域における「子ども」という存在は特別なものだ。しかしそうであるが故に、大人たちはその存在にさまざまな期待を寄せ、願望を抱く。子どもの側もそれを理解し葛藤する。子どもから大人へのインタビューというコミュニケーションは、そのような言語化されにくい語り手の感情や願いのニュアンスを、聴き手に感じ取らせる力をも持っている。インタビュアーである子どもはそれを感じ取り、自身に寄せて考えを巡らせることで、地域への当事者意識、地域アイデンティティを育んでいくのかもしれない。

また、「広中ルーツプロジェクト」内で実施されたラジオの公開放送スタイルの成果報告会についても改めて言及したい。まずもってこのスタイルでの成果発表は、会場に一体感を生んだ。中学生たち発表者は、インタビューに協力頂いた方々や町民関係者らを前に、ほとんど台本なしの状態で自分の思いや意見を語る。それに対し発表を聴いている町民参加者は、笑ったり、うなずいたり、拍手を送ったりと、さまざまなリアクションを取っていた。金山によれば、ラジオでの「放送トーク」の構造には「二重性」がある[18]。「放送トークは、ディスカッションやインタビューなど参加者間のコミュニケーションによる相互作用である」が、それに加え、その語りは「ラジオというメディア・チャンネルを通じて」リスナーに伝えられ、放送者とリスナーの間に「共有感覚を生む[19]」。公開放送スタイルの成果発表は、この二重の相互作用の効果を一度に発表者である生徒たちに感じさせるものとなった。公の場で自分の意見を語るには、発言への責任感や緊張感が伴う。まして観覧者がいればなおさらである。しかし、公開放送スタイルを取ることによって、ラジオ番組の放送者は、まず自分たちのテリトリーを確保することができる。その上で発言をすることで、現場の観覧者との距離感を自由に操ることができる。一方の観覧者側も、インタビューでの自分の発言を客観的に聞いたり、それに対する生徒たちの意見を聞いてリアクションを取ったりすること

18 金山 2022

19 金山 2022: 49-50

で、さまざまな感情が湧き起こる。そしてどんどんその空間に没入していく。成果報告会場の一体感を生んだのは、まさに生徒たちの「放送トーク」によるものだった。

公的な場で、子どもたちが自身や地域の未来を考え、地域住民である大人に対して語り伝えるという行為自体もまた、過去の人々と次世代の間のケア・コミュニケーションと言えるであろう。戦争・災害等の記憶の継承は、「何をいかにして継承するか」が議論のポイントとされている。しかし、記憶を継承する側がどのような状態になったら記憶が継承されたと言えるのかまでは、なかなか議論が及んでいない。残念ながら筆者にも、その明確な答えはまだない。しかし、ここで紹介した事例から一つ言えることは、世代による「当事者―非当事者」間のギャップは、対話によって埋めることができるのかもしれないという希望である。震災・原発事故の記憶がない子どもたちが、それを経験した他者との対話から自身のルーツを知り、〝今〟を捉え直し、未来を考えるようになっていく。子どもたちが、他者の語りを聴き、自身のアイデンティティを地域コミュニティに見出し、〝今ここ〟に存在する他者と価値観を共有しながら未来を切り開いていこうとする姿勢が語りに表れる。その語りこそが、当事者世代に「自身の生の真の意味」を実感させるものになるのだ[*20]。

「未曾有の災害」と言われた震災・原発事故は、それを経験した者に「世界の終

20 メイヤロフ 1987: 15

わり」を感じさせた。しかし「世界とは、終わりそうに見えてそうやすやすと終わらない」。「死すべき者」が世界の終わりを感じても、それとは裏腹にやってくるのが「新しい世代」である。これが「世界の超越」であり、「世代交代と込みで初めて意味をなす」。「われわれ人間は、そのつど手をかけ更新しつつ、世代から世代へ受け渡してゆくのでなければ」ならない。そのような「世界への配慮を通してこそ、隔たった世代間に相互交流が成り立ちうる」のである[*21]。ある日突然に分解され、断絶された地域コミュニティは、ラジオを媒介として次世代とのつながりを取り戻す可能性を見出した。そしてラジオと次世代のクロスは、地域コミュニティの「過去—現在—未来」を、そして〝今ここ〟に生きる人々同士を再び結びつけ、新しいコミュニティ形成の萌芽を確実に促してきた。未だ先の見通せない状況にある避難経験地域は、今後もまた予想もつかない困難に直面することがあるかもしれない。しかしそれでも希望はある。なぜなら、互いに離れた場所にあってなお、当事者と次世代がコミュニケーションを図り、未来を語り合う術とその経験を持つ地域なのだから。

21 森 2017: 108-110

第Ⅲ部

音声メディアとケア

第8章

ケアという メディア・コミュニケーション

金山智子

1　はじめに

本章ではメディアに依存する現代社会において、メディアを介したケア・コミュニケーションが特別なものではなく、むしろ必要不可欠であることをメディア・コミュニケーション研究の立場から提示したい。そして、対面を基本とするケア・コミュニケーションと、ラジオによるメディア・コミュニケーションという二つのコミュニケーションが、いかにケアとして編み上げられてきたかを確認するとともに、ネット時代における音声メディアを介したケアのコミュニケーションについて考えていきたい。

2　マスメディアを介した対人コミュニケーションの必然性

これまでケアの倫理がメディア・コミュニケーション研究においてほとんど位置付けられてこなかったことは第２章で述べた。それらに加えて、メディア・コミュニケーション研究における課題が、メディアを介したケア・コミュニケーション研究の深化を阻害する要因となっていたことも指摘しておきたい。

歴史的にみれば、ラジオ・テレビ・新聞のマスメディアとしての機能が強まる中、社会制度としてのマスメディアと社会過程としてのマス・コミュニケーションを社会システムと接続しながら研究していくことがメディア・コミュニケーション研究の中心となっていた。オーディエンスに関しても、マスオーディエンスに対する政治的・経済的支配への問いが強まり、メディア化を通じた社会的な共同様式におけるオーディエンスの位置付けが定着していった＊1。サブカルチャーやマイノリティーなど異なる集団やコミュニティを対象としたオーディエンスリサーチが行われる一方で、個人を対象とした対人コミュニケーションは極めて限定的な研究視座となっていった＊2。

ラジオに関しては、トーク番組が人気となり、ラジオの小型化・パーソナル化もすすみ、ラジオのトーク番組は対人コミュニケーションの代替となっていっ

1　ロス＆ナイチンゲール 2007

2　児島 2007

た[3]。ラジオ研究にとどまらず、マスメディアのコンテンツによっては、それが孤独な人々や人との関わりから遠ざかっている人々にとっての対人コミュニケーションの代用となる可能性があり、マス・コミュニケーションと対人コミュニケーションの伝統的な区別が疑問視された[4]。ロバート・キャスカートとゲイリー・グンペルトも批判とともに、「媒介された対人コミュニケーション」というカテゴリーをコミュニケーションの類型に加えることを提案した[5]。

メディアを「マス・コミュニケーション」と排他的に同一視することで、メディアと対人コミュニケーションの共生関係についての理解が制限されてきた。メディアは人間のコミュニケーションのあらゆる次元に浸透しており、あらゆる研究において考慮されなければならない[6]。

ラジオに関しては、加藤晴明が「不特定な他者が聴いているなかで、つまりパブリックなメディア空間のなかでのリスナーの私的なメッセージ投企と、それへのパーソナリティの側の無限承認ともいえる、寄り添い応援するようなメッセージのやりとり[7]」と述べているように、公共空間の中でメディアが媒介した対人コミュニケーションが営まれてきた。見方を変えれば、マスメディアとしてのラジオという古典的な見方が、「メディアを介した対人コミュニケーション」の類型

3 Turow 1974; Avery, Ellis and Glover 1978; Armstrong and Rubin 1989; Cathcart and Gumpert 1983
4 Bierig and Dimmick 1979
5 Cathcart and Gumpert 1983
6 Cathcart and Gumpert 1983: 267
7 加藤 2009: 4

化を阻み、他方、その免罪符のように「人に寄り添うメディア」という表現でラジオの特徴をズームアップすることで、ラジオ研究の広がりと深みを限定してきたといえるかもしれない。

気分転換や癒しといった心理的な効果も、これまでマス・コミュニケーション研究と連動して扱われてきた。マスメディアの四つの機能（監視、相互作用、文化の伝達、娯楽）の「娯楽」は、人々をリラックスさせ、日常生活のストレスから逃避する手段を生み出すマスメディアの機能と定義されており[8]、癒しや娯楽に関するものはこの機能とみなされた。現代社会においても、古典理論に立脚した見方のまま、ケア的コミュニケーションも捉えられており、そこにもケアの視点と接続できなかった一因がある。

インターネットの登場により、ネット上での人と人とのコミュニケーションはＣＭＣ（Computer mediated communication）と呼ばれ、メディア・コミュニケーション研究においても注目されていった。筆者もネットの普及初期に、高齢者たちのヴァーチャルコミュニティについて参与観察し、メディアを介して高齢者同士が互いに励まし合い、いたわり合うケア的なコミュニケーションが生成されていることを明らかにした[9]。インターネットがマスメディア的機能を果たすようになり、対人とマスと両方のコミュニケーションを視野に入れることが可能となり、コミュニケーション形態の境界は一層曖昧になっている。二〇〇〇年代に入ると、

8 Lasswell 1948

9 Kanayama 2003

マス・コミュニケーションはメディア・コミュニケーションとほぼ同等であり、置き換えるべきだという議論も活発になっている[10]。したがって、ラジオを介した対人間のケア・コミュニケーションをメディア・コミュニケーションの一つの形態として提示するのは当然のことであり、アップデートされたメディア・コミュニケーション研究として明確に位置付けるべきものだといえる。

10 Chaffee and Metzger 2001

3 ラジオによるケア・コミュニケーションの四つの重要性

対面コミュニケーションという原初的なコミュニケーションと、人が生まれた時から必要とされるケアが、メディアを介したコミュニケーションによってどのように包括的に理解され、実践されるか、そのあり様については第II部の多様な事例において考察した。ここではこれらの事例をもとに、ラジオによるケア・コミュニケーションにおいて、特に重要だと考える四点――知識・確認・共感・表現――についてみていきたい。

まず、「知識」についてであるが、ラジオ番組において、リスナーに向けたリクエストやメッセージの募集、インタビューなど、リスナーの思いや考えなどを受け入れているが、これは、その人を「知る」という大切な機会となっていたことが多くの事例から理解された。第3章でも述べたが、ミルトン・メイヤロフがケアの主な要素として最初に提示しているのが「知識」であり、「誰かをケアするためには、私は多くのことを知る必要がある*11」と強調する。ラジオ番組のメッセージやリクエストという小さな機会は、そのリスナーの感情、つまりその人が何を感じ、何を思っているのかを「知る」大事な機会であり、それに対してパーソナリティはいかに応答していくのかを知る、つまり、いかにそのリスナーをケアしていくことができるのかを知ることができるのである。放送されている番組をただ聴くだけで癒されている人たちも多いが、メッセージで伝えようとする人たちの思いを「知ること」もまた、それを聴くリスナーにとってのケアとなる。そして、「知ること」から、それを次世代へとつなげていく動機となり、世代育成にとってても大事なコミュニケーションとなる。

「確認」については、認識され、承認され、そして是認されるという行為であり、ケアにおいて重要であることは既に述べた。ラジオにおけるケア・コミュニケーションとして、この確認という行為は多くの事例でみられた。中でも、「リクエストを訊かれる」ということは、リスナーにとっては自分を語れる機会、あるいは、自分を認識してもらえる機会となり、さらに、番組において「メッセージが読まれる」「リクエストした曲がかかる」といった応答によって、自己表出感や承認欲求は強まる。そして、それによって、「自分が承認されたこと」を感じ、メッセージへのさらなる応答によって、是認されたと感じていくのである。「メッセー

11 メイヤロフ 1987: 34

ジが読まれた」「リクエスト曲がかかった」ことを喜ぶ人たちが多いのは、自分が発信したメッセージやリクエスト曲の希望を受け止めてもらえたという自己肯定や自己救済につながっていると考えられる。

人のメッセージやリクエストを他のリスナーが聴くということも、確認にとっては重要である。それは、パーソナリティ以外の他者（リスナー）も、その人の語りやメッセージを受け止める役割を担っており、多くのリスナーたちが、語られたリスナーの思いや語りの「承認者」として立ち会っているといえよう。マイクの向こうの見えない人たちは、ただそこにいて話を一緒に聴くことで、その人を是認していくと捉えることができる。つまり、ラジオの「構造の二重性」は、ケアにおいては「確認の二重性」となっていくのである。

次に「共感」だが、共感とは相手の感情や感じていることを当人の主観で評価することであり、同情とは異なる*[12]。誰かの苦しみや悩みを聞くことは、当事者間のコミュニケーションともなる。ゆえに、他者でありながらも、つながりの深さにも関係してくる。ラジオにおいて、「メッセージを送る」「リクエスト曲を書く」「電話する」といった行為は、そもそも参加という感覚や意思をともなっていることであり、他者による同様の行為に対しても、当然肯定的であり、そういった他者の思いに耳を傾けることはラジオを聴く上で、ある意味前提となっている。パーソナリティによるメッセージへの感想やリクエスト曲をかけるといった応答

12 宮坂 2020

を通して、メッセージを書いた人に共感し、感情的な一体感がそこで生まれていく。メディアを通して、誰か分からないがそこにいる人同士が、互いにそれぞれの感情に共感していく。マイクの向こうにいるのは不特定多数のリスナーではなく、声によって表現される個人であることを感じるコミュニケーションなのである。ゆえに、このコミュニケーションは同時あるいはライブでなくても、リスナーがその時にそう感じることによって成立する。

最後の「表現」については、ラジオという音声メディアによるところが大きい。音声テクノロジーや喋りの技法によって、ラジオを通した声はリスナーに親しさや近さを感じさせる。そこで話す人が多彩なパラ言語によって感情や思いを表現し、ユーモアや穏やかさといった肯定的行為がさらに加わり、多様なコミュニケーションがオーケストレーションしていくことで、人々は癒されたり、励まされたり、愛されていると感じていくのである。

ラジオを介したケア・コミュニケーションとは対人コミュニケーションとは異なり、その場その時限りではなく、間接的な広がりが期待できる。ここでは、さらにどういったケアが可能となっているのか、よりメタな視点から捉えてみたい。ラジオというメディアを介すからこそ可能になるケアについての理解である。筆者は、さまざまな事例をもとに、以下の四点をあげたい。

⑴ 目の前の人だけでなく、目の前に居ない人たちも間接的にケアしていくこと
⑵ 多様なケアのニーズやケアの仕方への関心や認知につながる可能性
⑶ その地域の共同体的なケアとして寄与していくこと
⑷ 直接的なケアから間接的な感化へ、私的な領域から公的な領域へと広がる可能性

対人コミュニケーションの場合は目の前の人だけがケアの対象となるが、ラジオを介することにより、マイクの向こう側の人たちも間接的にケアされていく。それは先に述べた、他者の感情や思いへの承認、共感など「確認の二重性」となっていく。そして、一人一人違った感情や思い、そしてそれに対する応答を通して、多様なケアのニーズやケアの仕方を学ぶ機会となる。人はケアされるだけでなく、ケアする立場となることも多いが、他者からそれを学ぶことは、別な意味においての共感を呼び込む。ラジオでやりとりするパーソナリティもリスナーも、その時代、その地域社会で生活する個人であり、そこで生きている人たちの共同体とつながっている。この営みは、結果として、個人の問題でありながら共同体のケアにもつながっていく。そして個人のケアはメディアを介して公共空間へと広がり、時空間を超えて次世代へとつないでいくことをも可能とするのである。

4　デジタル環境における音声メディアのケア・コミュニケーション

高度なデジタル化は、ラジオとネットの連携・融合を加速させている。音声コンテンツと総称される分野には、①音声メディア、②音声配信サービス、③ポッドキャスト、④音声SNS、⑤オーディオブックなどがあり、ネット上では多様なコンテンツが提供されている。ここからは、デジタル環境における音声メディアを介したケア・コミュニケーションについて、音声メディアとポッドキャストを中心に考えてみたい。

ラジオ局などが提供する音声メディアは、日本全国の民放ラジオ局の番組が聴ける「radiko（ラジコ）」、コミュニティFM局の番組が聴ける「ListenRadio（リスラジ）」、NHKのネットラジオ「らじる★らじる」など、ラジオ配信プラットフォームにより複数提供されており、ネットを介してラジオを聴くことはもはや特別ではない。中でも、二〇一〇年に始まったradikoの社会的影響は大きい。radikoは、電波の難聴取の解消と若年層のラジオ離れ対策として二〇一〇年三月に試験的に始まり、想定外に大きな反響を得て、二〇一〇年一二月に実用化された。二〇二二年には、月間ユニークユーザー数が九百万、有料のプレミアム会員も百万人に到達し、電波、地域、時間などの制約に関係なく好きなラジオ番組が好きな時、好きな場所で聴けるようになった。登録者の九割を二〇～五〇代で占めており、最も聴かれているのはトークで、次にバラエティ、音楽と続く[13]。二〇二三年五月、radiko newsでは「ラジオを聴いてリラックス！　癒しを与えてくれるおすすめ番組」と題して多様な番組を紹介していた。

　やる気が起きなかったり、気分が沈んだりしている時には、耳から癒しを与えてくれるラジオがおすすめです。素敵な音楽を流したり、自然を感じられたり、聴いていてリラックスできる番組を曜日別にご紹介します。

　radikoでも、ケア・コミュニケーションが期待できるラジオ番組が横断的に紹介されているように、放送（電波）かネットかという相違はもはやなく、ネット上の音声メディアでもケア・コミュニケーションは大切な機能となっていることが窺われる。

　ラジオ番組やパーソナリティとリスナーとのインタラクションは、メールやSNSなどデジタルコミュニケーションのツールへと変わっているが、ソーシャルメディアは、リスナーとパーソナリティ、リスナー同士の関係構築にも大きな影響を与えた[14]。radiko開始当初、リスナー参加型番組でツイートされた約七千の投稿を調査した結果、番組内で紹介された七七パーセントはTwitter（X）による投

13 PR Times 2022.8.30 (https://prtimes.jp/main/html/rd/p/000000017.000007490.html)

14 Jędrzejewski 2014

稿で、メールは一九パーセントだった[15]。この調査では、①パーソナリティの語りによって成立していたリスナーとのやりとりは、リスナーからの活発な「返し」によって深まり、②ハッシュタグにより誰でもSNSの投稿を見られることから、潜在的なアクティブリスナーを巻き込む力が強まり、③リスナー同士が直接認知し合うことで、より強い帰属意識が生まれているとの知見が示された。radikoとSNSの連動は、番組やパーソナリティとリスナーとの関係を強化するだけでなく、リスナーが関係創出を主導する流れを生む可能性があると理解できる。ケアに関しても、これまでのパーソナリティとリスナーという関係だけでなく、リスナー同士でのケア・コミュニケーションへと展開される可能性を示唆している。

ポッドキャストはアップル社のiPodとbroadcast（放送）を組み合わせた造語で、iPodなどの携帯プレイヤーに音声データファイルを保存して聴くことが可能な放送（配信）番組という意味合いをもつ。音声データファイルはMP3形式が標準で、現在はMPEG-4やH.264形式の動画配信も含めてポッドキャストと呼ぶ。二〇〇四年頃から、多くのラジオ局でタイムシフトしたラジオコンテンツを提供するためにポッドキャスティングが始められた。従来の放送やスケジュールの限定性を超えたノンリニアなサービスが提供されることにより、リスナーのコミットメントと忠誠心の強化が期待されている。シヴォーン・マクヒュー[16]は、ホストとリスナーの強い関係を中心とした「おしゃべり」で作り込みの少な

15 栗田ほか 2010

16 McHugh 2016

いコンテンツをもつ、よりカジュアルな新しいオーディオ・ナラティブ・フィーチャーのジャンルをポッドキャスティングが生み出していると指摘する。多くのポッドキャスティングはラジオと聴覚的なコードや実践を共有しながらも、徐々にその違いを独自に感じさせる存在になっている。日本でも、Voicy や Radiotalk など音声メディアの配信ビジネスが盛んになっているが、ポッドキャスティングは新しい形態であり、放送経験のない個人やグループにとって創造的なオーディオ制作事業への参入を容易にする存在となっている。こういった個人やグループが提供するメディア・コンテンツにおいても、リスナーとのインタラクションは極めて重要な要素となっている。

二〇二三年のスポークン・ワード・オーディオ・レポートによると、米国では、二〇一四年と比較して、話し言葉による音声コンテンツを聴く人が推定二六〇〇万人増加、一三歳以上は推定一億三一〇〇万人が毎日話し言葉の音声コンテンツを聴いており、米国人口のほぼ半数が毎日話し言葉の音声コンテンツを聴いているとされる。中でも、若者の聴取時間は伸びており、一三歳以上のリスナーは聴取時間の三割を話し言葉コンテンツに費やしている。また、話し言葉の音声コンテンツのリスニングは全体の三割強がモバイルデバイスからで、一三〜二四歳では六割が携帯電話で聴いている。このレポートで、エジソンリサーチのメーガン・ラゾヴィックは次のように語っている。

音声空間が進化し、より多くの話し言葉コンテンツがオンデマンドで利用できるようになっても、コンテンツ制作者とリスナーの関係は数十年前と変わらず強いままである。デジタル・プラットフォームは、人々が耳を傾け、つながるための新しい方法を切り開いた[*17]。

古いメディアというイメージがこれまで強かったラジオだが、音声メディアとしての特徴はデジタルの多様な形態に継承されている。そして、パーソナリティとリスナーという対人的なコミュニケーションも同様に受け継がれており、デジタルな環境においても、音声メディアを介してケア・コミュニケーションの営みは変わることなく実践されている。

17 Edison Research 2022 The Spoken Word Audio Report, (https://www.edisonresearch.com/the-spoken-word-audio-report-2022-from-npr-and-edison-research/)

5　おわりに

本書では、二〇世紀初めに登場した時から、親密なメディア、人に寄り添うメディアと言われてきたラジオのコミュニケーションはなぜケア・コミュニケーションと位置付けられるのか、そして、どのようにリスナーにとってケアとなっているのかを明らかにしてきた。急速な技術革新によってラジオが登場してきた時代とは大きく変容した現代社会においても、ケア・コミュニケーションは変わらず人々が生きていく上で不可欠なものであり、今でもラジオを介して実践されている。そして、それはラジオにとどまらない。ストリーミングやポッドキャストなど多様なデジタルの音声メディアを介し、また、スマートスピーカーやスマートフォンなど、日常の時空間に遍在化する多様なメディアを介して、ケア・コミュニケーションは実践されているのである。

これまでメディア・コミュニケーション研究になぜケア・コミュニケーションが位置付けられてこなかったのか、本章ではさまざまな理由について既に述べてきたが、今後、メディア・コミュニケーション研究において、ケアが大事なテーマとしてさまざまな視座と方法から一層理解されていくことが必要であろう。津田は、メディア技術の発達と普及によりメディアが社会に遍在化し、メディア・コミュニケーションとその他の活動の区別そのものを無意味化しており、結果メディア・コミュニケーション研究の隣接領域におけるメディアの研究が必然的に増加し、同時にメディア・コミュニケーション研究自体が弱体化していると危機感を表している[*18]。それはメディアを介したケア・コミュニケーションも同様であろう。ケアはラジオだけではなく、テレビや映画、音楽や書籍、SNSなどさまざまなメディアを介して行われている。ケアの倫理への関心が一層高まり、メディアを介したケアへの関心は必然的に高まり、さまざまな領域や分野において、こういったメディアを通したケアの研究が行われていくことが予測できる。その

18 津田 2020

意味において、メディア・コミュニケーション研究がさまざまな知見をもとに、より充実したケア・コミュニケーションの研究を集約していくことが重要だろう。

誰もが生まれた時から必要とするケアのコミュニケーションが、対面という原初的なコミュニケーションとメディアを介したコミュニケーションの二つになっている現代社会を、パトリス・フリッシーは的確に表現している[19]。

現在進行中の社会変化とは、（個人の微小空間に分裂してしまった）私的空間の肥大化でないことは間違いなく、むしろ再構築された公共空間のなかでの私的空間の漂流である。この公共空間では、個人はどの瞬間にもここかしこに存在し、独りでいることもあれば、他者と関与していることもあるのだ。（中略）二十一世紀の散策者は一人のままで存在し、通りすがりの人たちとコミュニケーションはしないが、誰かとはつながっているのである。われわれが目の当たりにしているのは、直接的な対面状況（多くの場合衰退している）とメディア経由という二つの人間関係の構築なのだ[20]。

私たちは、このような社会の中で、直接的な対人コミュニケーションあるいはメディアを介したコミュニケーションを通して、その時々に必要なケアを得ながら生きているのである。

19 フリッシー 2005

20 フリッシー 2005: 272

特別寄稿

なぜラジオはケアするメディアになったのか

小玉美意子

すでに、この本の著者たちが述べてきたように、ラジオは色々な形で、人々を癒やしたり、励ましたり、そっと寄り添ったりしながら、自分の立ち位置を決めてきた。メディアの使い方で、このような形をとるのは、決して昔からあったわけではない。いや、むしろ、近年その面がより強く出されてきたと言えるかもしれない。

なぜだろうか?

まず、社会の変化から考えてみよう。約百年前にラジオが登場した時、世界は、戦争準備に余念がなかった。第一次世界大戦の敗戦国であるドイツは、敗戦により課せられた過酷な賠償に対して恨みもあってか、ラジオを良く使おうなどという気持ちはさらさらなかった。他方、ヨーロッパの戦勝国側が、いくらドイツが悪いとはいえ、決して払うことのできないような額を要求したのは、ドイツのことを考えて決めたわけではなく、自分たちの勝手で決めたのである。ラジオという先進国の道具である機械が、このような状況にあった人々の間で持たれたので

あるから、それが、おおむね弱者のための道具として使われる訳がないと言えるだろう。

つぎに、ラジオというメディアの、メディアの中での相対的位置づけから考えてみよう。今から百年前の主たるメディアの第一位は、印刷物、中でも新聞であろう。本や雑誌もそれに次ぐが、その次に来るものが、あまりない。そう、メディアがまだあまり発達していなかったので、ラジオは決して欠かせない、大事なものとなっていた。しかも、その後発展が期待される有望株のメディアだったのである。そんな大事なメディアを、人々の個人的な癒しや励ましに使うわけにはいかない。もっと大事なこと、言い換えれば、公共的な仕事、国家の大事に使うべきだと考えるのが、当時の一般的な考え方だったのであろう。

さらに、当時の科学技術水準からしても、ラジオは高度のものであったから、決して、安易に使えるようなものではなかったのである。

このように色々な理由が挙げられるが、私は、百年前、一般の人々のケアの為に、この大事なメディアを使うなどということは、当時のものの考え方として、ありえなかったのではないかと思っている。

しかし、今は違う。この百年の間に、メディアは著しい発達を遂げた。テレビジョンの出現は、人々の価値観に大きな変化をもたらしたが、中でもメディアの序列の変化が、この問題に大きな影響を与えた。ラジオの強みは、生で情報を届けられるという点にあったが、それに加えて映像までついたテレビジョンの出現は、ラジオの相対的地位を下げたのである。

一九三九（昭和一四）年五月、NHKが日本初のテレビの公開実験を実施した。戦争による中断を経て、一九四八（昭和二三）年に戦後初の公開実験を行い、一九五三（昭和二八）年二月一日、本放送が開始された。日本における最初のテレビジョン放送は、諸般の事情からNHKではなく日本テレビのものとなったが、それはともかく、テレビのメディアとしての勢いはすさまじかった。

先にも述べたように、テレビには、それまでのメディアにはない、二つの大きな特徴がある。一つは、ラジオ以上に物事を生（ナマ）で人々に伝えられる点。もう一つは、ラジオと違って映像を伴う点であり、これはごまかしがより少なく、リアリティの強さが、これまでのメディアと大きく違う。その結果、テレビの影響力は大きくなった。

テレビで視聴したことのある、もの・こと・ひと、番組等は、その経験のないもの等に比べ、著しく認知度が上がる。例えば、マスカット・オブ・アレクサンドリアというブドウの品種があるが、これが、テレビを通じて解説されると、その価格傾向、色艶や大きさなどもよく伝わり、その青く瑞々しい果物を見ただけで、相応の値段がすることと高い品質が伝わり、贈答用に適していることまで、わかってしまうのである。

このような傾向は、政治的には致命的なこともあり、悪い噂が立てば次の選挙での落選もありうる。それよりももっと長期的なスパンで考えると、もっと恐ろしいことが考えられる。世界で唯一の被爆国日本が、なぜ、原水爆禁止に賛成しないかと言えば、その保有に関してマスコミが政府を忖度《そんたく》して、あまりはっきりものを言わないため、大丈夫だという政府の説明に、そうあって欲しいという視聴者の願望が混ざって、納得されてしまうからではないだろうか。あるいは、アメリカに牛耳られている現状から、反対しても無駄だというマスコミの論調に押されて、これもまた諦めているのではないだろうか。このような背景のもとに、事を荒立てたくない国民性もあって、マスコミの影響力に押されて、原子力発電反対も進まないのである。その他には、どこの国でも見られるよくあることではあるが、有名スターの発言や衣装やふるまい等も影響していると思われる。あとはマスコミの言い方次第である。良く言えば良い方になびき、悪く言えば悪い方になびく。マスコミ、中でもテレビの影響力はすごい。

さて、こうした社会風景の中で、ケアするラジオはどのようにして育っていったのか。このことを考えるためには、どうしても、ラジオの相対的な地位の低下に立ち戻って、そのことについて述べなければならない。ラジオが花形だった時代には、まず、硬派の戦争報道があった。この時代は、軍部や政府の作った都合の良いニュースが、いわば花形だったのである。彼らが、右に転んだと言えば、右に転んだと言わねばならず、国の言いなりになっていた、と思っている人が多いようだが、大森淳郎氏の膨大な研究によって明らかになったところによれば、それぞれの人に思いがあって、彼らが、必ずしも、政府や軍部の言う通りに従ったのではないことがわかってきた。

例えば、同盟通信社による原稿と比べ、じっさいに放送された原稿の方が、戦局について、日本に有利に書かれていることがあったという。真実から遠くなっても、うまく言い抜けることで、彼らは、「報国」で貢献したかったと思われる＊1。

一九三〇（昭和五）年一一月まで、ラジオのニュースは、時事新報社と複数の新聞社と通信社が放送用にニュース原稿を書き、逓信省による検閲があって、放送局のアナウンサーが一語一句間違えないように読み上げていた。それが、新聞連合社と日本電報通信社から配信される記事を放送局が取捨選択し、放送用に書き替えて放送することになった＊2。

日本放送協会の研究誌によると、同誌に掲載された報道部員の声を追っていくと、日中戦争勃発のおよそ一年前に一つの端緒が見られるという＊3。ここには著者の大森氏による注釈がついていて、

読み間違ってはならないのだが、「軍部、外部の意向をもたしかめ、真相の報道に努めた」のではない。「真相の報道に努めることと、軍部、外務の

1 大森・NHK放送文化研究所 2023

2 大森・NHK放送文化研究所 2023: 40

3 大森・NHK放送文化研究所 2023: 41

意向をもたしかめ」てニュースを放送したのである。（中略）ラジオニュースは、政府・軍の意向に合わせて（それが真相とは違うものであっても）編集されていたのである。

とある。その後起こった盧溝橋事件の原稿を比べてみると、同盟通信社の記事の方がシンプルであるのに対し、放送原稿の方が、似ているようでいて、実は暗に日本が中国側を批判している結びになっているという（それが放送局の〝工夫〟であった）。

このようにして、放送局で働く人々が、必ずしも真実の報道を求めていたわけではなく、表現に少々変更を加える中で、国に有利に聞こえるようにしていたということは、「国を思う」気持ちから出たものであろう。しかし、私が言いたいのは、それを許容するのではなく、今、ケアする立場にあるラジオも、当時は嘘を伝える役割をはたしていたということである。

先に述べたように、私は、ラジオがメジャーなメディアでなくなってきて初めて、ケアするメディアとしての余裕ができたと、思っている。それは必ずしも悪いことではない。

例えば、テレビの場合、今までは隆盛を誇っていたから、ケアするメディアにはなりにくかった。というのも、広告による収入で運営する会社の場合、次々と収入があるので、勝者の原理で社内が動き、社会の恵まれない立場にいる人々への配慮ある番組は作りにくかった。一方、メディアとしての特徴からしても、映像メディアというものは、どちらかといえば華やかであり、さらに、一つの作品を仕上げるのに、より多くの手間がかかるので、ラジオのように音声のみで成立するメディアと比べると、お金も時間もかかる。それだけ、気軽にはできない。

この「気軽にできる」ということは、人々を、大きな決心なしに動かすことを意味する。それゆえ、ラジオは、「ケアするメディア」としてはいいのである。

本書で、著者たちが描いているメディアは、立ち直りを支える刑務所ラジオ、社会的処方としてのホスピタルラジオ、多くの文化をつなぐ役割をする多文化共生ラジオ、子供によるラジオ番組制作がもたらす地域のあらたなつなぎ直しともいうべき効果を持つ番組等、みな、素人または子供でもできる手軽さが基になっている。それだけ、かんたんに、あるいは、肩ひじを張らずに取り組めるところが評価されている。そこには、その仕事から、お金を稼がなければいけないという、浮世の強制力があまりない。それだけに、対象とする人々の心に沿った番組を作ることが可能になる。

そればかりではない。ラジオという音声だけを取り扱うメディアだからこその親しみやすさがあることも、すでに述べられたとおりである。

テレビでいきなり訪問された女性が、「お化粧もしていなくて……」とためらう時がある。これなど、典型的な例として、テレビに対して人々が持つ期待感を表している。ところが、テレビだときちんとしていないといけないと思うのに対し、ラジオだと、見た目はそれほど気にしない。その感じを逆の立場から見ると、ラジオの持つケア感覚に繋がっている。したがって、今後テレビが廃《すた》れたとしても、ラジオのようにケアするものになるかどうかはわからない。それは、ラジオならではの普段着感覚の親しみやすさのもたらす結果だと、私は考えている。

　また、ラジオより先に出てきたメジャーなメディアといえば、映画があるが、映画はその後ラジオにメジャーの座を譲ったが、ケアするメディアとはならなかった。それは、映画が、少し気取ったメディアであり、ラジオほどの親しみやすさを持たれるものではないことと、内容をみなに伝えるまでにより多くの手間がかかるということも挙げられよう。

　このようにして、ラジオは、メディアの中での相対的位置関係がほどよいところにあり、現代の社会が弱者に対して優しくなってきていることとあいまって、ケアするメディアとして発達してきた。そのうえ、言葉という優しさを持ったコミュニケーション手段を持ち、映像という余分なものまでは持たない結果、ケアするメディアとして発達してきたものと思われる。

　これらが、私が考える、ラジオの現代におけるケア・コミュニケーションとしての位置づけであるが、将来にわたってもそうであるとは限らない。例えば、現在ＹｏｕＴｕｂｅには、かなり勢いがあり、メジャーなコミュニケーション手段であるテレビと競合しそうなところまで来ている。いや、現実に、迎え撃つテレビの方は、すでに色々と対策を考えているが、テレビはこれまでに大きな組織を作ってしまっただけに大変である。

ＹｏｕＴｕｂｅのメリットは、テレビと同じように映像を伴うことと、テレビよりも小回りが利いていつでもどこへでも行けること、そして何よりも視聴者にとって都合が良いのは、時間帯が視聴者の好みに合わせられる点である。これは、何物にも代えがたい。ただし、その一方で収入面の不安定さもあることから、いつも「チャンネル登録」と番組の「高評価」を呼びかける結果となっている。

いずれにしても、新しく使い勝手の良いメディアが登場すれば、それぞれ自分に適したものとして活用され発展していくのは当然のことであろう。そういった中でラジオが、昨今のように望ましいメディアとして発展していくことは、大いに応援していきたい。私たちが自分の意思を持ってメディアを活用することが、結局は自分たちのためにもなるのだと思う。

おわりに

インターネットが急速に普及していくのと同時進行で、ラジオという古いメディアは「終わる」と言われるようになった。そのような環境の下だからこそ、コミュニティラジオから公共ラジオに至るまで、幅広くメディアの存在意義が問われたし、その都度「寄り添うメディア」であることが大義とされ、その拠り所となり得た。本書を貫いている「寄り添う」あるいは「親密」といった人間的な言葉やニュアンスについて、ラジオメディアにかかわる人々は、伝わっていると思ってきたし、自明のようにも感じてきた。

それゆえ、厳しいコロナ禍にあっても、ラジオに惹きつけられる人たちが増えたことは理解できる。そして、それは当然のこととも感じられる。同時に、これまでラジオが背負う免罪符のように言ってきた「寄り添うメディア」あるいは「親密なメディア」とは、一体どういうことなのか、それを明確に説明していないことに改めて気づかされた。

このことから、自分の分野であるメディア・コミュニケーション研究の中で、新たにケアの倫理という視点をもって正面から取り組むべきだと強く感じた。そして、ラジオの研究に携わってきた身としての反省の気持ちをもって、本書を出すことを決めた。

本書では、一般的なラジオ番組も扱いつつ、事例を取り上げた章では刑務所や病院、離島や被災地といった一般的にはあまり馴染みのない特定の地域や場所におけるラジオによるコミュニケーションのあり様を取り上げた。こういった事例は特殊なケースだと思う読者がいるかもしれない。しかし、そうではなく、人はどんな環境や状況においてもケアを必要としていて、小さくとも自分の声に耳を傾けてくれる機会を必要としていること、そして、小さな機会であっても、それが日々の暮らしの中で支えになることを示す多様な事例であることを理解していただければと思う。読者に、前述した筆者たちの思いを受け取り、何かを感じていただけるとすれば、本書を世に問わせていただいた趣旨に沿うことになる。

メディアがまるで四輪駆動のごとく、日々刻々と社会を押し上げてくるような現代に私たちは生きている。だからこそ、本書全体を通じたメッセージである「メディアがケア的な役割を果たすことは必要不可欠である」という思いが伝わることを願う。

ラジオという放送メディアは、なくなるどころか、ポッドキャストなどデジタル音声メディアとして発展し、今では若者たちに支持されるメディアになってきた。二〇二三年晩秋、調査で本土最南端にある南大隅町を訪れた。そこでは、二人の町民が、廃校になった地域の小学校をスタジオにしてポッドキャスト「すみっこキャスト」の収録を行っていた。町民の多くが農家というこの地で、「農家は忙しいときも耳だけは空いているから、そんな時間を使って楽しんだり学んだりしてもらいたい[*1]」と始めたポッドキャスト。筆者の仲間も番組ゲストに呼ばれた。遠路はるばる北海道から来た仲間たちは、本土最南端で自分たちの話を聞いてくれたことに感激していた。まさに、「癒やし・つながり・愛着のコミュニケーション」の実感である。

ラジオ同様、ポッドキャストのような音声コンテンツにおいても、パーソナリティや話し手を友人のようだと感じさせるパラソーシャル・インタラクションの機能を感じさせるものが多い。最近では、AI技術によってポッドキャストの文字起こしが簡単にできるようになった。それによってトークが文字としてシェアされるようになり、新たな聴取体験として注目されるようになった。本書でも取り上げた会話分析においても、文字起こししたトークを丹念に読むが、文字化されても音声で聴いたときと変わらず、その内容が受け止められる。ラジオやポッドキャストといった音声メディアのトークが、音声からテキストへと変換されて

1 赤﨑英記 2023「ローカルフレンズ南大隅編② 農家の日常」NHK鹿児島放送局(https://www.nhk.or.jp/kagoshima/report/article/002/49/)

も、そこで起きている親密なコミュニケーションのあり方は変わらずリスナーに伝わっていくし、生き続けていく。

本書を締めくくるにあたり、「さいはて社」の大隅直人さんに、深くお礼申し上げたい。いつも寄り添いながら進めて下さる編集者の存在は心強かった。最後に、本書の執筆にあたり協力していただいた多くのリスナーやパーソナリティ、ラジオ局のみなさまに、心からの感謝をお伝え申し上げます。

二〇二三年一二月

金山智子

Avery, Robert K., Ellis, Donald G. and Glover, Thomas W. 1978 "Patterns of Communication on Talk Radio," *Journal of Broadcasting & Electronic Media* 22(1): 5-17.

Bierig, Jeffrey and Dimmick, John 1979 "The Late Night Radio Talk Show as Interpersonal Communication," *Journalism Quarterly* 56(1): 92-96.

Cathcart, Robert and Gumpert, Gary 1983 "Mediated Interpersonal Communication: Toward a New Typology," *Quarterly Journal of Speech* 69(3): 267-277.

Chaffee, Steven H. and Metzger, Miriam J. 2001 "The End of Mass Communication?,"*Mass Communication and Society* 4(4): 365-379.

Jędrzejewski, Stanisław 2014 "Radio in the new media environment," in M. Oliveira, G. Stachyra and G. Starkey (eds.) Radio: The Resilient Medium, Sunderland: University of Sunderland, 17-25.

Kanayama,Tomoko 2003 "Ethnographic Research on the Experience of Japanese Elderly People Online," *New Media Society* 5(2): 267-288.

Lasswell, Halord 1948 *The Structure and Function of Communication and Society: The Communication of Ideas*, New York: Institute for Religious and Social Studies.

McHugh, Siobhan 2016 "How Podcasting Is Changing the Audio Storytelling Genre," *The Radio Journal: International Studies in Broadcast & Audio Media* 14: 65-82.

Turow, Joseph 1974 "Talk Show Radio as Interpersonal Communication," *Journal of Broadcasting & Electronic Media* 18(2): 171-180.

特別寄稿

大森淳郎・NHK放送文化研究所　2023　『ラジオと戦争――放送人たちの「報国」』NHK出版。

金山智子　2022 「コミュニティ放送における災害の語り――会話分析によるゲストとパーソナリティの相互行為」『社会情報学』第 11 巻第 2 号、47-62 頁。

久保田彩乃　2022 「メディア制作を通じた子どもの『地域とのつながり』認識の変容に関する研究――福島県富岡町の小学生による実践事例から」『メディア研究』第 101 号、195-213 頁。

フレイレ、パウロ　2018 『被抑圧者の教育学――50 周年記念版』三砂ちづる訳、亜紀書房。

メイヤロフ、ミルトン　1987 『ケアの本質――生きることの意味』田村真・向野宣之訳、ゆみる出版。

森一郎　2017 『世代問題の再燃――ハイデガー、アーレントとともに哲学する』明石書店。

森村修　2020 『ケアの形而上学』大修館書店。

リンギス、アルフォンソ　2006 『何も共有していない者たちの共同体』野谷啓二訳、洛北出版。

第 8 章

加藤晴明　2009 「〈ラジオの個性〉を再考する――ラジオは過去のメディアなのか」『マス・コミュニケーション研究』74 巻、3-29 頁。

栗田菜々子・竹井恭介・松村千尋　2010 「radiko × Twitter――新しいラジオ・コミュニケーションを探る」『駒澤大学 GMS 学部金山研究会論文集』4: 1-24。

児島和人　2007 「序章」竹内郁郎・児島和人・橋元良明編『新版メディア・コミュニケーション論 I』北樹出版。

津田正太郎　2020 「メディアコミュニケーション研究の危機――メディアの偏在化と学問的求心力の低下」『三田社会学』第 25 巻、4-14 頁。

ナイチンゲール、バージニア、ロス、カレン　2007 『メディアオーディエンスとは何か』児島和人・高橋利枝・阿部潔訳、新曜社。

フリッシー、パトリス　2005『メディアの近代史――公共空間と私生活のゆらぎのなかで』江下雅之・山本淑子訳、水声社。

水越伸　1993 『メディアの生成――アメリカ・ラジオの動態史』同文舘出版。

宮坂道夫　2020 『対話と承認のケア――ナラティブが生み出す世界』医学書院。

メイヤロフ、ミルトン　1987 『ケアの本質――生きることの意味』田村真・向野宣之訳、ゆみる出版。

ロス、カレン、ナイチンゲール、バージニア 2007 『メディアオーディエンスとは何か』児島和人・高橋利枝・阿部潔訳、新曜社

Armstrong, Cameron B. and Rubin, Alan M. 1989 "Talk Radio as Interpersonal Communication," *Journal of Communication* 39(2): 84-94.

金剛出版。
宮坂道夫　2020　『対話と承認のケア――ナラティヴが生み出す世界』医学書院。
――――　2021「対話と承認のケア～ナラティヴがケアになるとき」『日本精神保健学会誌』30巻2号。
やまだようこ編　2008　『質的心理学講座2 人生と病いの語り』東京大学出版会。
Goodwin, Bryn 1995 *History of Broadcasting: The First 70 Years.*（私家版。USBファイルで本人より拝受）
Goodwin, Bryn 1995 "Part1. The Early Years," *History of Broadcasting: The First 70 Years.*
Krause, Amanda and Fletcher, Heather 2022 "Radio Listeners' Perspectives on Its Purpose and Potential to Support Older Wellbeing," Presented at the SEMPRE 50th Anniversary Conference, September 2-3, 2022, London, UK, (https://researchonline.jcu.edu.au/75918/1/SEMPRE50-Krause%26Fletcher.pdf).
Thomas, Jenny and Coles, Steve (HBA) 2016 "Hospital Broadcasting: An Impact Study," Hospital Broadcasting Association, 23, (Accessed 2022.6.28, https://hbauk.com/system/files/HBA-Impact-Report.pdf).
UK Government 2018 "A Connected Society: A Strategy for Tackling Loneliness - Laying the Foundations for Change."

第6章

災害とコミュニティラジオ研究会（代表・金山智子）編　2014　『小さなラジオ局とコミュニティの再生』大隅書店。
日比野純一　2010　「自由と正義と民主主義を求めて――ラテンアメリカから学ぶコミュニティラジオ運動」松浦さと子・川島隆編著『コミュニティメディアの未来』晃洋書房。
日比野純一　2017　「伝送路のこだわりを越えて――オンライン放送局になったFMわぃわぃ」松浦さと子編著『日本のコミュニティ放送――理想と現実の間で』晃洋書房。
吉富志津代　2013　「日系南米人コミュニティ形成に関する一考察――ひょうごラテンコミュニティの事例から」『スペイン語世界のことばと文化III』京都外国語大学スペイン語学科創設50周年記念論文集。
吉富志津代　2019　「多様なメディアにおける多言語化の現状と意義」『名古屋外国語大学論集』第5号。

第7章

大内斎之　2018　『臨時災害放送局というメディア』青弓社。

誉田賢三　1962　「自主放送の現状と反省」『矯正研究論文集Ⅱ』2号、1-2頁。
松下喜信　1950　「当所に於ける掲示放送教育の実際」『刑政』第61巻第5号、85-92頁。
真鍋昌賢　2007　「ラジオと高齢者」小川伸彦・山泰幸編『現代文化の社会学入門』ミネルヴァ書房、233-249頁。
安田恵美編　2020　「刑務所出所者等の意思決定・意思表示の難しさと当事者の声にもとづく支援」『URP先端的都市研究シリーズ18』大阪市立大学都市研究プラザ。
Bruner, Jerome 1990 *Acts of Meaning*, Cambridge, Massachusetts: Harvard University Press.（岡本夏木・仲渡一美・吉村啓子訳『意味の復権――フォークサイコロジーに向けて』ミネルヴァ書房、1999）
Fucault, Michel 1975 *Surveiller et punir : Naissance de la prison*, Gallimard.（田村俶訳『監獄の誕生――監視と処罰』新潮社、2020）
Maruna, Shadd 2001 *Making Good: How Ex-Convicts Reform and Rebuild Their Lives*, Washington, D.C.: American Psychological Association.（津富宏・河野荘子監訳『犯罪からの離脱と「人生のやり直し」――元犯罪者のナラティヴから学ぶ』明石書店、2013）

第5章

浅野智彦　2001　『自己への物語論的接近――家族療法から社会学へ』勁草書房。
荒井浩道　2014　『ナラティヴ・ソーシャルワーク』新泉社。
イリッチ、イヴァン　1998　『脱病院化社会――医療の限界』晶文社。
ガタリ、フェリックス　1988　『分子革命――欲望社会のミクロ分析』杉村昌昭訳、法政大学出版局。
加藤晴明　2022　『メディアと自己語りの社会学――「自己メディアの社会学」改題・改訂版』22世紀アート。
クラインマン、アーサー　1996　『病いの語り――慢性の病いをめぐる臨床人類学』誠信書房。
小泉恭子　2013　『メモリースケープ――「あの頃」を呼び起こす音楽』みすず書房。
粉川哲夫編　1983　『これが「自由ラジオ」だ』晶文社。
野口裕二　2002　『物語としてのケア――ナラティヴ・アプローチの世界へ』医学書院。
帚木蓬生　2017　『ネガティブ・ケイパビリティ――答えの出ない事態に耐える力』朝日新聞出版。
藤竹暁　2009　「ラジオは人間の鼓動を伝える」『マス・コミュニケーション研究』74巻。
ホワイト、マイケル　2009　『ナラティヴ実践地図』小森康永・奥野光訳、金剛出版。
ホワイト、マイケル、エプストン、デビット　1992　『物語としての家族』小森康永訳、エフエムうけんの事例研究」『島嶼研究』第 18 巻第 2 号、37-56 頁。

――――　2019 「奄美環境文化祭唄島ふぇすてぃばるっち。――メディア・イベントと島のアイデンティティ」『島嶼研究』第 20 巻第 2 号、29-47 頁。

能智正博　2006 「“語り”と“ナラティブ”のあいだ」能智正博編『〈語り〉と出会う――質的研究の新たな展開に向けて』ミネルヴァ書房、11-72 頁。

メイヤロフ、ミルトン　1987 『ケアの本質――生きることの意味』田村真・向野宣之訳、ゆみる出版。

第４章

浅野智彦　2001 『自己への物語論的接近――家族療法から社会学へ』勁草書房。
安東福男　1932 「〈訓令通牒〉ラジオ受信機及附属設備に関する件」『刑政』第 45 巻第 10 号、101-102 頁。
岩松真也　2018 「『けやきの散歩道』の役割」『刑政』第 129 巻第 2 号、30-35 頁。
大谷實　2009 『新版　刑事政策講義』弘文堂。
小川明子　2015 「地域メディアとストーリーテリング――地域メディア研究のあらたな展開に向けて」『メディアと社会』第 7 号、43-60 頁。
――――　2016 『デジタル・ストーリーテリング――声なき想いに物語を』リベルタ出版。
加藤晴明　2022 『メディアと自己語りの社会学』22 世紀アート。
公文彪　1958 「特集所内放送　三つの夢」『刑政』第 69 巻第 5 号、10-11 頁。
坂井好　1960 「自主放送に於ける録音構成について」『九州矯正』第 15 巻第 11 号、38-41 頁。
坂上香　2022『プリズン・サークル』岩波書店。
坂上香・アミティを学ぶ会編　2002 『アミティ「脱暴力」への挑戦――傷ついた自己とエモーショナル・リテラシー』日本評論社。
坂田謙司　2019 「限定された空間とメディアの社会史研究に向けて――刑務所と『新聞』『ラジオ』はどのような関係を結んできたのか」『立命館産業社会論集』第 54 巻第 4 号、107-121 頁。
佐々木昭三　1977 「受刑者による自主放送」『矯正教育』第 28 巻第 6 号、61-65 頁。
島津茂　1961 「自主放送番組について」『矯正広島』第 5 巻第 1 号、18-22 頁。
中島学　2023 『塀の中のジレンマと挑戦――矯正施設における刑法・少年法改正の影響と課題』明石書店。
野口裕二　2002 『物語としてのケア――ナラティヴ・アプローチの世界へ」医学書院。
藤竹暁　2009 「ラジオは人間の鼓動を伝える」『マス・コミュニケーション研究』74 巻、65-74 頁。

Gendron, Diana 1988 The Expressive Form of Caring: Monograph 2. Perspectives in Caring. Toronto: University of Toronto.

Giddens, Anthony 1987 *Social Theory and Modern Sociology*, Cambridge: Polity Press.

Goffman, Erving 1981 *Forms of Talk*, Philadelphia: University of Pennsylvania Press.

Gordon, Ronald D. 1985 "The Search for Multi-Methodological Approaches to Empathic Communication Development," (Report No. CS 505 011) Honolulu: University of Hawaii.

Herzog, Herta 1944 "What Do We Really Know about Daytime Serial Listeners?," in Paul F. Lazarsfeld and Frank N. Stanton (eds.) *Radio Research, 1942–43*, New York: Duel Sloan and Pearce.

Hutchby, Ian 2006 *Media Talk: Conversation Analysis and the Study of Broadcasting*, Berkshire: Open University Press.

Jordan, Judith V. 1989. *Relational Development: Therapeutic Implications of Empathy and Shame.* Working Paper Series, Work in Progress, No. 39. Wellesley, MA: Stone Center.

Montgomery, Martin 1986 "DJ Talk," *Media, Culture and Society* 8(4): 421-440.

Noddings, Nel 1984 *Caring, A Feminine Approach to Ethics & Moral Education*, Oakland: University of California Press.

Scannell, Paddy 1991 "Introduction: The Relevance of Talk," In P. Scannell (ed.) *Broadcast Talk*, London: Sage, 1-13.

Sieburg, Evelyn 1973 "Interpersonal Confirmation: A Paradigm for Conceptualization and Measurement," (Report No. CS500 881). Paper presented at Annual Meeting of the International Communication Association, Montreal, Quebec.

Stachyra, Grażyna 2014 "The Obligations of Listeners in 'Expression-Seeking' Radio Dialogues," *Radio: The Resilient Medium*, 125-138.

Sterling, Christopher H. and Kittross, John M. 2002 *Stay Tuned: A History of American Broadcasting*, Mahwah: Lawrence Erlbaum Associates.

Tolson, Andrew 2006 *Media Talk: Spoken Discourse on TV and Radio*, Edinburgh: Edinburgh University Press.

第３章

加藤晴明・寺岡伸悟　2017　『奄美文化の近現代史――生成・発展の地域メディア学』南方新社。

金山智子　2008　「離島のコミュニティ形成とコミュニケーションの発展――奄美大島編」『Journal of Global Media Studies』3: 1-20.

――――　2017　「奄美群島のコミュニティラジオの文化装置的役割」松浦さと子編著『日本のコミュニティ放送――理想と現実の間で』晃洋書房、106-118 頁。

――――　2018　「離島のコミュニティラジオ局にみる儀礼的コミュニケーション――

齋藤純一　2003　『親密圏のポリティクス』ナカニシヤ出版。

シュッツ、アルフレッド　1985　「多元的現実について」『アルフレッド・シュッツ著作集第2巻　社会的現実の問題II』渡部光・那須壽・西原和久訳、マルジュ社。

スロート、マイケル　2021　『ケアの倫理と共感』早川正祐・松田一郎訳、勁草書房。

竹山昭子　2002　『ラジオの時代――ラジオは茶の間の主役だった』世界思想社。

田邉正俊　2012　「ハイデガーにおける気づかい（Sorge）をめぐる一考察」『立命館文學』第625号、1125-1136頁。

東京藝術大学 Diversity on the Arts プロジェクト　2022　『ケアとアートの教室』。

トロント、ジョアン・C.　2020　『ケアするのは誰か？――新しい民主主義のかたちへ』岡野八代訳・著、白澤社。

中西新太郎　2022　「『データ駆動型社会』の幻想と現実――ケア関係の視点から」唯物論研究協会編『「つながる」力の現在地――変容するコミュニケーションのゆくえ』大月書店。

野口裕二　2002　『物語としてのケア――ナラティヴ・アプローチの世界へ』医学書院。

ハイデッガー、マルティン　1994　『存在と時間（上）』細谷貞雄訳、筑摩書房。

林香里　2011　『〈オンナ・コドモ〉のジャーナリズム――ケアの倫理とともに』岩波書店。

広井良典　2000　『ケア学――越境するケアへ』医学書院。

藤竹暁　2009　「ラジオは人間の鼓動を伝える」『マス・コミュニケーション研究』74巻、65-74頁。

ブルジェール、ファビエンヌ　2014　『ケアの倫理――ネオリベラリズムへの反論』原山哲・山下りえ子訳　白水社。

水越伸　1993　『メディアの生成――アメリカ・ラジオの動態史』同文舘出版。

宮坂道夫　2020　『対話と承認のケア――ナラティヴが生み出す世界』医学書院。

メイヤロフ、ミルトン　1987　『ケアの本質――生きることの意味』田村真・向野宣之訳、ゆみる出版。

森一郎　2017　『世代問題の再燃――ハイデガー、アーレントとともに哲学する』明石書店。

モンゴメリー、キャロル、L.　1995　『ケアリングの理論と実践――コミュニケーションによる癒し』神郡博・濱畑章子訳、医学書院。

レイン、ロナルド　1975　『自己と他者』笠原嘉ほか訳、みすず書房。

脇忠幸　2014　「ナラティブにおける対人関係の複層性と連続性――方言調査の録音データを用いて」『国文学攷』第224号、1-17頁。

Denzin, Norman 1978 *Sociological Methods: Sourcebook*, NY: McGraw Hill.

Gaut, Delores A. 1983 Development of a Theoretically Adequate Description of Caring. Western Journal of Nursing Research, 5(4): 313-324.

Winfield, Betty H. 1994 *FDR and the News Media*, New York: Columbia University Press.

第2章

荒畑翼・寺岡丈博・榎本美香　2017 「オープンコミュニケーションとしてのラジオトークに見られる重複発話現象の解析」『情報処理学会第 79 回全国大会公演論文集』1009-1010 頁。

池辺寧　2005 「ハイデガーにおける気づかいと自己性」『奈良県立医科大学医学部看護学科紀要』第一巻、11-20 頁。

ヴァーガス、マジョリー・F.　2008 『非言語《ノンバーバル》コミュニケーション』石丸正訳、新潮社。

上野千鶴子　2011 『ケアの社会学——当事者主権の福祉社会へ』太田出版。

エリクソン、エリクック　1977 『幼児期と社会 1, 2』仁科弥生訳、みすず書房。

岡田美智男　2012 『弱いロボット』医学書院。

小川公代　2021 『ケアの倫理とエンパワメント』講談社。

小川博司　2009 「ラジオは衰退していくメディアなのか——複数のラジオの時代の『参加型コミュニケーション』をめぐって」『マス・コミュニケーション研究』74 巻、31-44 頁。

オング、ウォルター　1997 『声の文化と文字の文化』桜井直文・林正寛・糟谷啓介訳、藤原書店。

樫村志郎　1996 「会話分析の課題と方法」『The Japanese Journal of Experimental Social Psychology』第 36 巻第 1 号、148-159 頁。

加藤晴明　2009 「〈ラジオの個性〉を再考する——ラジオは過去のメディアなのか」『マス・コミュニケーション研究』74 巻、3-29 頁。

金山智子　2019 「メディア事業過程モデルによる地域メディア分析——あまみエフエムを事例として」『マス・コミュニケーション研究』95 巻、67-85 頁。

————　2021 「災後・災間におけるコミュニティ放送による記憶の継承」『社会情報学』第 9 巻第 2 号、19-35 頁。

————　2022 「コミュニティ放送における災害の語り——会話分析によるゲストとパーソナリティの相互行為」『社会情報学』第 11 巻第 2 号、47-62 頁。

金山智子・小川明子　2020 「Collective Memories of Disaster through Community Radio: A Case Study of the Great East Japan Earthquake」『情報通信学会誌』第 38 巻第 2 号、67-80 頁。

ギリガン、キャロル　1986 『もうひとつの声——男女の道徳観のちがいと女性のアイデンティティ』岩男寿美子監訳、川島書店。

小玉美意子　2012 『メジャー・シェア・ケアのメディア・コミュニケーション論』学文社。

第１章

ヴァーガス、マジョリー・F.　1987　『非言語《ノンバーバル》コミュニケーション』石丸正訳、新潮社。

上野千鶴子　2011　『ケアの社会学――当事者主権の福祉社会へ』太田出版。

小川博司　2014　「被災地に流れた音楽――東日本大震災におけるラジオ局を中心に」『放送文化基金『報告書』（平成 24 年度助成）』（https://hbf.yoshida-p.net/search/pdf/2012/243001.pdf）。

加藤晴明　2009　「〈ラジオの個性〉を再考する――ラジオは過去のメディアなのか」『マス・コミュニケーション研究』74 巻、3-29 頁。

グッドマン、デイヴィッド　2018　『ラジオが夢見た市民社会――アメリカン・デモクラシーの栄光と挫折』長崎励朗訳、岩波書店。

田中章浩　2022　『顔を聞き、声を見る――私たちの多感覚コミュニケーション』共立出版。

日本音響学会編、森大毅・前川喜久雄・粕谷英樹著　2014　『音声は何を伝えているか――感情・パラ言語情報・個人性の音声科学』コロナ社。

福永健一　2015　「ラジオの声の生成史――1920 年代米国のラジオにおける声の経験についての考察」『マス・コミュニケーション研究』87 巻、119-136 頁。

星暁子　2016　「データでみるラジオの聞かれ方」『NHK 放送文化研究所年報 2016』第 60 集、7-12 頁。

ホール、エドワード　1970　『かくれた次元』日高敏隆・佐藤信行訳、みすず書房。

マクルーハン、マーシャル　1987　『メディア論――人間拡張の諸相』栗原裕・河本仲聖訳、みすず書房。

宮嵜守史　2023　『ラジオじゃないと届かない』ポプラ社。

Arnheim, Rudolf 1936 *Radio*, translated by Margaret Ludwig and Herbert Read, Faber & Faber.

Briggs, Asa 1961 *History of Broadcasting in the United Kingdom, Volume 1: The Birth of Broadcasting*, London: Oxford University Press.

Cantril, Hadley and Allport, Gordon W. 1935 *The Psychology of Radio*, New York and London: Harper & Brothers Publishers.

Greene, Victor R. 1995 "Friendly Entertainers: Dance Bandleaders and Singers in the Depression, 1929-1935" *Prospects* 20: 181-207.

Krause, Amanda E. 2020 "The Role and Impact of Radio Listening Practices in Older Adults' Everyday Lives," *Frontiers in Psychology* 11, (https://www.ncbi.nlm.nih.gov/pmc/articles/PMC7775306/pdf/fpsyg-11-603446.pdf).

Lenthall, Bruce 2007 *Radio's America: The Great Depression and the Rise of Modern Mass Culture*, Chicago: University of Chicago Press.

Shingler, Martin and Wieringa, Cindy 1998 *On Air: Methods and Meanings of Radio*, London: Arnold.

参考文献

はじめに

粟屋佳司・遠藤保子・平石貴士　2014「震災復興における表現文化とメディア――東日本大震災後の復興支援に関する福島県のコミュニティ FM における音楽の契機とミュージカル『葉っぱのフレディー』上演の事例について」『立命館産業社會論集』第 49 巻第 4 号、101-118 頁。

大内斎之　2018『臨時災害放送局というメディア』青弓社。

大牟田智佐子・澤田雅浩・室崎益輝　2021「非常時にラジオが果たす役割と日常の放送との関連性についての研究――民放ラジオ局アンケート調査をもとに」『地域安全学会論文集』No.38、109-119 頁。

小玉美意子　2012『メジャー・シェア・ケアのメディア・コミュニケーション論』学文社。

災害とコミュニティラジオ研究会編　2014『小さなラジオ局とコミュニティの再生――3.11 から 962 日の記録』大隅書店。

竹山昭子　2002『ラジオの時代――ラジオは茶の間の主役だった』世界思想社。

水越伸　1993『メディアの生成――アメリカ・ラジオの動態史』同文舘出版。

Denzin, Norman K. 1978 *The Research Act: A Theoretical Introduction to Sociological Methods*, NY: McGraw Hill.

Ewart, Jacqui 2011 "Therapist, Companion, and Friend: The Underappreciated Role of Talkback Radio in Australia," *Journal of Radio & Audio Media* 18:2, 231-245.

Herzog, Herta 1944 "What Do We Really Know about Day-time Serial Listeners?," in Lazarsfeld, Paul F. and Stanton, Frank N. (eds.) *Radio Research, 1942-43*, New York: Duel Sloan and Pearce.

Lazarsfeld, Paul F. 1941 *The People Look at Radio*, Chapel Hill: The University of North Carolina Press.

Lindgren, Mia 2021 "Study of Award-Winning Australian and British Podcasts," *Journalism Practice* 17(4): 704-719.

Moody, Reginald F. 2009 "Radio's Role During Hurricane Katrina: A Case Study of WWL Radio and the United Radio Broadcasters of New Orleans," *Journal of Radio & Audio Media* 16(2): 160-180.

Rodero, Emma 2020 "Radio: The Medium That Best Copes in Crises. Listening Habits, Consumption, and Perception of Radio Listeners During the Lockdown by the Covid-19" *El profesional de la información*,

吉富 志津代（よしとみ・しずよ）

現在 / 武庫川女子大学国際センター長／心理・社会福祉学部教授
最終学歴 / 京都大学大学院人間・環境学研究科博士後期課程修了（博士［人間・環境学］）
著書・論文 /『多文化共生社会と外国人コミュニティの力――ゲットー化しない自助組織は存在するか？』現代人文社、2008 年。『ソーシャルビジネスで拓く多文化社会――多言語センター FACIL・24 年の挑戦』（共著）吉富志津代監修明石書店、2023 年。

久保田 彩乃（くぼた・あやの）

現在 / 福島大学教育推進機構特任助教／一般社団法人ヴォイス・オブ・フクシマ代表理事
最終学歴 / 東北大学大学院情報科学研究科博士前期課程修了（修士［情報科学］）
著書・論文 /「3.11 アーカイブにおける福島の人々の声の記録「Voice of Fukushima」の意義と今後の可能性に関する考察」『デジタルアーカイブ学会誌』5(4)、2021 年。「メディア制作を通じた子どもの「地域とのつながり」認識の変容に関する研究」『メディア研究』101、2022 年。

小玉 美意子（こだま・みいこ）

現在 / 武蔵大学名誉教授
最終学歴 / お茶の水女子大学大学院人間文化研究科博士課程満期退学
著書・論文 /『新版ジャーナリズムの女性観』学文社、1991 年。『メジャー・シェア・ケアのメディア・コミュニケーション論』学文社、2012 年。

執筆者紹介　＊執筆順

金山 智子（かなやま・ともこ）

現在 / 情報科学芸術大学院大学教授
最終学歴 / オハイオ大学大学院コミュニケーション研究科博士後期課程修了（博士［マスコミュニケーション学］）
著書·論文 /『コミュニティ·メディア――コミュニティ FM が地域をつなぐ』（共著）金山智子編、慶應義塾大学出版会、2007 年。『小さなラジオ局とコミュニティの再生――3.11 から 962 日の記録』（共著）災害とコミュニティラジオ研究会編、大隅書店、2014 年。

福永 健一（ふくなが・けんいち）

現在 / 四国学院大学社会学部助教
最終学歴 / 関西大学大学院社会学研究科博士後期課程修了（博士［社会学］）
著書・論文 /「声のメディア史――1870 年代から 1930 年代の米国における電気音響メディアの歴史社会学的研究」関西大学博士審査学位論文、2020 年。「拡声器の誕生――電気音響技術時代における拡声の技術史と受容史」『音と耳から考える――歴史・身体・テクノロジー』（共著）細川周平編、アルテスパブリッシング、2021 年。

芳賀 美幸（はが・みゆき）

現在 / 名古屋大学大学院情報学研究科博士前期課程在籍中／中日新聞記者
最終学歴 / 青山学院大学国際政治経済学部
著書・論文 /「刑務所ラジオにみる『承認』のコミュニケーション――受刑者と DJ へのインタビューから」『社会情報学』12(3)、2024 年。

小川 明子（おがわ・あきこ）

現在 / 名古屋大学大学院情報学研究科准教授
（2024 年 4 月より立命館大学映像学部教授）
最終学歴 / 東京大学大学院人文社会系研究科博士後期課程中退
（博士［学際情報学］）
著書・論文 /『デジタル・ストーリーテリング――声なき想いに物語を』リベルタ出版、2016 年。『ケアする声のメディア――ホスピタルラジオという希望』青弓社、2024 年。

ケアするラジオ
——寄り添うメディア・コミュニケーション

2024年 3月 25日　第 1 刷発行

編　者　　金山 智子

発行者　　大隅 直人

発行所　　さいはて社

〒525-0067　滋賀県草津市新浜町 8-13
電話 050-3561-7453　　FAX 050-3588-7453
URL　https://saihatesha.com
MAIL　info@saihatesha.com

組　版　　田中　聡
装　幀　　早川 宏美

印　刷　　共同印刷工業
製　本　　新生製本

ISBN 978-4-9912486-3-4